Web开发技术丛书

低代码平台开发实践

基于React

秦小倩 ◎ 著

机械工业出版社
CHINA MACHINE PRESS

图书在版编目（CIP）数据

低代码平台开发实践：基于 React / 秦小倩著. —北京：机械工业出版社，2024.3
（Web 开发技术丛书）
ISBN 978-7-111-74689-8

Ⅰ.①低… Ⅱ.①秦… Ⅲ.①移动终端 - 应用程序 - 程序设计 Ⅳ.① TN929.53

中国国家版本馆 CIP 数据核字（2024）第 006908 号

机械工业出版社（北京市百万庄大街 22 号 邮政编码 100037）
策划编辑：杨福川 责任编辑：杨福川 孙海亮
责任校对：张 征 王乐廷 责任印制：单爱军
保定市中画美凯印刷有限公司印刷
2024 年 3 月第 1 版第 1 次印刷
186mm × 240mm · 14.75 印张 · 317 千字
标准书号：ISBN 978-7-111-74689-8
定价：89.00 元

电话服务 网络服务
客服电话：010-88361066 机 工 官 网：www.cmpbook.com
010-88379833 机 工 官 博：weibo.com/cmp1952
010-68326294 金 书 网：www.golden-book.com
封底无防伪标均为盗版 机工教育服务网：www.cmpedu.com

为什么要写这本书

3 年前我在就职的公司开发了一个低代码平台，并将其投入生产，该平台投产后在公司内部获得了大量好评。近些年，国内的大厂如腾讯和阿里巴巴等都推出了自己的低代码产品，规模小一些的互联网企业也在开发低代码平台以求提高 App 的开发效率。Web 技术发展到目前这个阶段，程序员开发一个能用的低代码平台已经不是难事，但开发一个好用的低代码平台却相当困难。在这里，我希望把自己关于低代码平台的思考和经验分享出来，给想要了解低代码平台或者正在设计低代码平台的读者提供一些思路和参考。

3 年前我开发的低代码平台虽然能创建出 App，但存在如下 5 个问题：

1）创建的 App 不能独立于低代码平台运行。

2）低代码 App 的 JSON Schema 不能独立于低代码平台存在。

3）低代码 App 没有区分编辑态和运行态，只引入了一个只读状态去判断页面上的组件能否拖曳、删除或编辑属性。

4）当处于编辑态时，低代码 App 没有纯净的运行环境。

5）不存在组件市场，低代码设计器能使用的组件全部写在项目内。

本书介绍的低代码平台解决了上述 5 个问题。读者通过本书将了解到下面 4 个方面的内容：

1）JSON Schema 保存到 Git 仓库中，它不影响线上运行的低代码 App，只用于低代码 App 各版本的预览和重新编辑。

2）线上运行的低代码 App 与 JSON Schema 脱钩，即便低代码平台停止服务，线上的低代码 App 也能正常运行。

3）低代码 App 在编辑态时，设计器和渲染器位于不同的 Frame，此时低代码 App 有纯净的运行环境，这涉及跨 Frame 拖曳组件。

4）开发脚手架，并将其用于开发、调试和上传低代码组件，这使得设计器能使用丰富的组件去开发低代码 App，同时让低代码组件和低代码平台解耦。

读者对象

❑ 有 React、Node.js 和数据库基础，想开发低代码平台的读者；
❑ 想全面了解低代码平台组成及原理的读者；
❑ 对开发低代码平台感兴趣的读者。

如何阅读本书

本书分为 4 篇。

❑ 基础篇（第 1 章）介绍学习本书必备的理论知识，涉及的知识点有 React Ref API、React Hooks、React Context API、MobX 和 MongoDB 等。要想在本地运行本书介绍的低代码平台，需要在自己的计算机上安装 MongoDB。
❑ 需求分析篇（第 2 章和第 3 章）介绍业务场景的需求和开发低代码平台的需求。
❑ 实战篇（第 4～8 章）是本书的重点部分，介绍如何开发低代码平台，提供了大量的代码示例，涉及的内容有低代码架构策略、低代码组件、设计器、渲染器和代码生成器等。
❑ 基础设施篇（第 9 章）重点介绍如何使用 GitLab CI/CD 构建持续部署的 Pipeline、如何搭建 npm 私有库、如何搭建 LDAP 账号管理系统等。

如果你是一名经验丰富的软件工程师并且对低代码已有较多了解，建议从第 4 章开始阅读；如果你对低代码了解得不多，那么请从第 1 章开始学习。

本书提供的开源项目的源码位于 https://github.com/react-low-code，建议读者将涉及的开源项目复制到自己的计算机上，这样可以边学习本书边调试，从而更好地理解本书的内容。

勘误和支持

由于我的水平有限，书中难免会出现一些错误或者不准确的地方，恳请读者批评指正。你可以将书中的错误发布到本书开源项目的 issue 页面中。如果你遇到其他问题，也可以访问 issue 页面并留言，我将尽量在线上为读者提供满意的解答。书中的全部源文件可以从 https://github.com/react-low-code 下载。如果你有更多的宝贵意见，欢迎发送邮件至 1395294694@qq.com，也可以我运营的公众号"前端知识小站"（账号：heyu-web）与我联系或加入读者群。

致谢

感谢我的爱人在过去一年多的时间里始终支持我写作，他的鼓励和帮助使我顺利完成全部书稿。

Contents 目 录

基础设施篇

基础篇

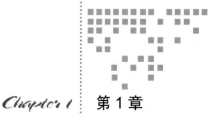

Chapter 1 第 1 章

前置知识

这不是一本介绍理论知识的图书，而是一本指导大家进行实战的图书，实战部分的项目称为 vitis 低代码。进入实战之前，先介绍一些前置知识，涉及 React Ref API、React Hooks、React Context API、React 的渲染流程、用 MobX 管理 React 应用的状态，最后介绍 MongoDB 和 Mongoose 的基础知识。

1.1　函数组件与类组件

函数组件与类组件有什么区别？如果你了解 React Hooks（后文简称 Hooks），在这里请抛开 Hooks 回答这个问题。

本节不讨论状态（state）和生命周期，先看一个函数调用的示例，代码如下。

```
function getName(params: {name: string}) {
    const count = 0
    return params.name + '-' + count
}
getName({name: '何遇'})
getName({name: 'Bella'})
```

getName 是一个纯函数，不产生任何副作用，执行结束后，它的执行上下文和活动对象会被销毁，前后两次调用互不影响。对于不使用任何 Hooks 的函数组件而言，它也是纯函数，那么对于函数组件前后两次渲染，你能得出与调用 getName 函数类似的结论吗？

下面用类组件和函数组件实现相同的功能来对比二者的区别。在浏览器上显示一个按钮，单击按钮调用 props 中的方法来更新父组件的状态，隔 1s 之后打印 this.props.count 的值。类组件的代码如下。

```
class ClassCom extends React.Component<Props, never> {
    render(): React.ReactNode {
        return (
            <button onClick={this.onClick}>这是类组件：刷新浏览器打开开发者工具再单击</button>
        )
    }

    onClick = () => {
        this.props.updateCount()
        // 隔 1s 之后打印 this.props.count 的值
        setTimeout(() => {
            console.log(this.props.count)
        }, 1000);
    }
}
```

函数组件的代码如下。

```
function FuncCom(props: Props) {
    const onClick = () => {
        props.updateCount()
        // 隔 1s 之后打印 props.count 的值
        setTimeout(() => {
            console.log(props.count)
        }, 1000);
    }
    return (
        <button onClick={onClick}>这是函数组件：刷新浏览器打开开发者工具再单击</button>
    )
}
```

FuncCom 和 ClassCom 组件的父级相同，代码如下。

```
class FuncComVsClassCom extends React.Component<{},State> {
    state: State = {count: 0}
    render(): React.ReactNode {
        return (
            <>
                <FuncCom
                    count={this.state.count}
                    updateCount={this.updateCount}
                />
                <ClassCom
                    count={this.state.count}
                    updateCount={this.updateCount}
                />
            </>
        )
    }
```

```
        updateCount = () => {
            this.setState((prevSate: State) => {
                return {count: prevSate.count + 1}
            })
        }
    }
```

观察上述代码可以发现，传递给 FuncCom 和 ClassCom 组件的 props 是一样的，但在浏览器界面中单击组件的按钮，开发者工具打印的结果不一样，FuncCom 组件打印的值为 0，ClassCom 组件打印的值为 1。

现在揭晓答案，单击 FuncCom 和 ClassCom 组件中的按钮都会使父级重新渲染，从而导致 FuncCom 和 ClassCom 重新渲染。ClassCom 是类组件，重新渲染不会创建新的组件实例，在 setTimeout 的回调函数中 this.props 拿到了最新的值。FuncCom 是函数组件，重新渲染会创建新的执行环境和活动变量，所以访问 props，无论何时拿到的都是调用 FuncCom 时传递给它的参数，该参数不可变。

FuncCom 和 ClassCom 组件打印出不同的值，原因在于 props 不可变但类组件实例是可变的，访问 this.props 将始终得到类组件最新的 props。将 ClassCom 的 this.props 赋值给一个变量，在 setTimeout 的回调函数中用该变量访问 count 属性能让两个组件打印出相同的值。

1.2 React Ref API

Ref 的功能强大，它能够让组件与 DOM 元素，或类组件与其父级之间建立直接联系。总体而言，使用 Ref 出于以下 3 个目的。

❑ 访问 DOM 元素。

❑ 访问组件的实例。

❑ 将 Ref 作为 mutable 数据的存储中心。

1. 创建 Ref

创建 Ref 有两种方式，分别为 useRef 和 React.createRef。useRef 是一种 Hooks，只能在函数组件中使用，更多的 Hooks 在后文介绍。React.createRef 的使用位置不限，但不要在函数组件中使用它，如果在函数组件中用它创建 Ref，那么函数组件每一次重新渲染都会创建新的 Ref。下面的代码显示了 React.createRef、useRef 和 Ref 的数据类型。

```
// React.createRef 的类型
function createRef<T>(): RefObject<T>;

// useRef 的类型
function useRef<T>(initialValue: T|null): RefObject<T>;
```

```
function useRef<T>(initialValue: T): MutableRefObject<T>;
function useRef<T = undefined>(): MutableRefObject<T | undefined>;

// Ref 的类型
interface MutableRefObject<T> {
    current: T;
}

interface RefObject<T> {
    readonly current: T | null;
}
```

Ref 由 React.createRef 或 useRef 函数返回，从上述代码可以看出 Ref 有两种数据类型，分别是 MutableRefObject 和 RefObject，这两种类型都有 current 字段，类型参数 T 用于注释 current 的类型。下面的代码演示了如何创建 Ref。

```
// current 字段必须是 div 元素或者 null
React.createRef<HTMLDivElement>()
// current 字段必须是布尔值或者 undefined
useRef<boolean>()

// current 字段必须是 input 元素或者 null
useRef<HTMLInputElement>(null)
```

2. 访问 DOM 元素

要想通过 Ref 访问 DOM 元素，必须将 Ref 绑定到浏览器内置的组件上，等组件装载之后使用 ref.current 字段访问 DOM 元素。下面的代码演示了如何用 Ref 访问 input 元素使它获得焦点。

```
function RefUse() {
    const inputRef = useRef<HTMLInputElement>(null)

    const onClick = () => {
        if (inputRef.current) {
            // 调用 DOM 节点上的方法
            inputRef.current.focus()
        }
    }
    return (
        <div>
            <input ref={inputRef}/>
            <button onClick={onClick}>单击按钮让 input 获取焦点 </button>
        </div>
    )
}
```

上述代码用 useRef 创建 Ref，将 Ref 属性绑定到 input 元素上，底层的 input 元素被赋值给 inputRef.current，使用 inputRef.current 直接操作 DOM 元素。

3. 访问组件的实例

将 Ref 属性绑定到类组件上，通过 ref.current 能访问到类组件的实例，由于函数组件没有实例，所以不能在函数组件上绑定 Ref 属性。下面的代码演示了如何在父组件中通过 Ref 访问子组件实例以及调用子组件的方法。

```
function RefUse() {
    const childRef = useRef<ChildCom>(null)
    const onClickToChangeState = () => {
        if (childRef.current) {
            // 直接调用子组件
            childRef.current.changeCount()
        }
    }
    return (
        <div>
        // ChildCom是类组件
        <ChildCom ref={childRef}/>
        <button onClick={onClickToChangeState}>在父组件中改变子组件的 count</button>
        </div>
    )
}
```

上述代码通过 Ref 使 RefUse 组件与 ChildCom 组件直接联系，在 RefUse 中调用 ChildCom 的实例方法修改组件的状态。

 注意 上述两个示例都在函数组件中用 useRef 创建 Ref，在类组件中用 React.createRef 创建 Ref 的方法与此相同。

4. 将 Ref 作为 mutable 数据的存储中心

将 Ref 作为 mutable 数据的存储中心，使用场景主要是函数组件，这是因为函数组件每一次重新渲染都会执行函数体，使函数体中的各个变量被重新创建。如果函数体中声明了一些只用于缓存的数据，即不会导致组件重新渲染的变量，那么将这些数据放在 Ref 中能避免它们被反复创建。将 Ref 作为 mutable 数据的存储中心的示例代码如下。

```
interface cache {
    updateCount: number
}

function RefUse() {
    // 创建mutable数据的存储中心
    const mutableRef = useRef<cache>({updateCount: 0})
    const printCount = () => {
        if (mutableRef.current.updateCount < 3) {
            mutableRef.current.updateCount ++
        } else {
            console.log(' 次数: '+mutableRef.current.updateCount)
```

```
        }
    }

    return (// something)
}
```

将 Ref 作为 mutable 数据的存储中心，不需要将它绑定到 React element 上，创建之后能直接使用，修改 mutableRef.current 的值，组件不会重新渲染。

5. 总结

Ref 的功能很强大，但不要滥用。在这里回顾一下使用 Ref 的 3 个目的。

- ❑ 访问 DOM 元素。请记住，React 是基于数据驱动的，也可以理解为是基于状态驱动的，在 React 程序中不推荐直接访问 DOM 元素。
- ❑ 访问组件实例。通过 Ref 在父组件中获得子组件的实例，让父子组件建立直接联系，会让状态变更变得混乱，父子组件之间的交互应该通过 props 进行，遵循单向数据流原则。
- ❑ 在函数组件中创建 Ref，将它作为 mutable 数据的存储中心，有它的用武之地，但在类组件中大可不必如此。

1.3　React Hooks

React Hooks 在 React 16.8 时正式发布，它使函数组件能拥有自己的状态，对类组件没有影响。实战部分将大量使用函数组件，主要原因是类组件存在如下 3 个问题。

- ❑ 必须时常关注 this 关键字的指向，对初学者而言这不是一件容易的事。
- ❑ 相同的生命周期在类组件中最多定义一个，这导致彼此无关的逻辑代码被糅杂在同一个函数中。
- ❑ 不同的生命周期函数可能包含相同的代码，最常见的便是 componentDidMount 和 componentDidUpdate。

React 提供了很多内置的 Hooks，每个 Hooks 有各自的用处，本节只介绍实战部分常用的 Hooks，并列举一些自定义 Hooks。

1.3.1　useState

useState 是一个与状态管理相关的 Hooks，能让函数组件拥有状态，是最常用的 Hooks 之一，类型定义如下。

```
function useState<S>(initialState: S | (() => S)): [S, Dispatch<SetStateAction<S>>];
function useState<S = undefined>(): [S | undefined, Dispatch<SetStateAction<S |
    undefined>>];
```

从类型定义可以看出，useState 有两个重载，分别是传参数和不传参数。不论是否传参数，useState 都返回一个长度为 2 的数组。数组的第一个位置是状态，可以是任何数据类型，类型参数 S 用于注释它的类型；第二个位置是一个用于更新状态的函数，为了方便介绍本小节将该函数记为 setState。

接下来介绍 useState 的基本用法。

1. useState 的参数不是函数

此时，useState 的参数将作为状态的初始值，如果没有传参数，那么状态的初始值为 undefined。用法如下。

```
import React, { useState } from 'react'

export function UseStateWithoutFunc() {
    const [name, setName] = useState<string>('何遇')
    const [age, setAge] = useState<number>()

    function onChange() {
        setName(Math.random() + '')   // 修改姓名
        setAge(Math.random())         // 修改年龄
    }

    return (
        <>
        <div>姓名：{name}</div>
        <div>年龄：{age === undefined ? '未知' : age}</div>
        <button onClick={onChange}>click</button>
        </>
    )
}
```

UseStateWithoutFunc 组件有 name 和 age 这两个状态，name 只能是 string 类型，初始值为 '何遇'，age 的数据类型是 number 或 undefined，初始值为 undefined。

2. useState 的参数是函数

此时，函数的返回值是状态的初始值。某些时候，状态的初始值要经过计算才能得到，此时推荐将函数作为 useState 的参数，该函数只在组件初始渲染时执行一次。用法如下。

```
function UseStateWithFunc() {
    const [count, setCount] = useState<number>(() => {
        // 这个函数只在初始渲染的时候执行，后续的重新渲染不再执行
        return Number(localStorage.getItem('count')) || 0
    })
    function onChange() {/** 执行 */}
    return (
        <>
        <div>count: {count}</div>
        <button onClick={onChange}>click</button>
```

```
        </>
    )
}
```

上述 useState 的参数是函数，该函数的返回值是 count 的初始值。

3. 修改状态的值

沿用上述代码中的 setCount，修改状态有两种方式，具体如下。

```
// 用法一
setCount((count) => {
    return count + 1
})
// 用法二
setCount(0)
```

如果 setCount 的参数是函数，那么 count 现在的值将以参数的形式传给该函数，函数的返回值用于更新状态。如果 setCount 的参数不是函数，那么该参数将用于更新状态。状态值发生变更将导致组件重新渲染，重新渲染时，useState 返回的第一个值始终是状态最新的值，不会重置为初始值。

目前已经介绍完 useState 的基本用法，观察代码清单 1-1 所示代码，分析浏览器打印的结果。

代码清单　1-1

```
function UseStateAdvanceDemo() {
    // count 的初始值为 0
    const [count, setCount] = useState<number>(0)

    const onClick = () => {
        setCount((prevCount) => prevCount + 1) // 将 count 在原来的基础上加 1
        setTimeout(() => {
            console.log(count) // 分析浏览器打印的结果
        }, 1000)
    }

    return <button onClick={onClick}> 打开开发者工具再单击 </button>
}
```

如果你理解 1.1 节中讲的知识，那么一定能轻而易举地分析出浏览器打印的值是 0 而不是 1，这是因为在函数组件中取 state 和 props 拿到的都是本次渲染的值，在本次渲染范围内，props 和 state 始终不变。

在代码清单 1-1 中调用 setCount 会导致组件重新渲染，在下一次渲染时 count 的值为 1，但 console.log(count) 打印的是本次渲染时 count 的值，所以结果为 0。

1.3.2　useRef

使用 useState 能让函数组件拥有状态，状态拥有不变性，它在组件前后两次渲染中相互独立。使用 useRef 能为组件创建一个可变的数据，该数据在组件的所有渲染中保持唯一的引用，所以对它取值始终会得到最新的值。下面是 useRef 的用法，分析浏览器打印的结果。

```
function UseRefDemo() {
    // count 的初始值为 0
    const [count, setCount] = useState<number>(0)
    // ref.current 属性的初始值为 0
    const ref = useRef<number>(0)

    const onClick = () => {
        setCount((prevCount) => prevCount + 1)   // 将 count 在原来的基础上加 1
        ref.current ++                           // 将 ref.current 在原来的基础上加 1
        setTimeout(() => {
            console.log(count)                   // 分析浏览器打印的结果
            console.log(ref.current)             // 分析浏览器的打印结果
        }, 1000)
    }

    return <button onClick={onClick}>打开开发者工具再单击</button>
}
```

单击按钮，在浏览器控制台上 count 的打印结果为 0，ref.current 的打印结果为 1。由此可以知道，在 setTimeOut 回调函数中拿到了 ref.current 最新的值。

1.3.3 useEffect

useEffect 是除 useState 之外另一个常用的 Hooks，理解它比理解 useState 的难度更大，但只要明白函数组件每次渲染都有它自己的状态和 props，那么理解 useEffect 将变得容易。

useEffect 能让开发人员知道 DOM 什么时候被绘制到了屏幕上，组件什么时候被卸载了。有些开发人员认为 useEffect 是类组件 componentDidMount、componentDidUpdate 和 componentWillUnmount 的生命周期函数的结合，但实际上函数组件没有与类组件类似的生命周期概念。useEffect 类型定义如下。

```
type EffectCallback = () => (void | Destructor);
function useEffect(effect: EffectCallback, deps?: DependencyList): void;
```

从类型定义可以看出，useEffect 最多可接收两个参数。第一个参数是函数，可以有返回值，本小节将该函数称为 effect；第二个参数是非必填的，是一个数组，它是 effect 的依赖，称为 deps。deps 用于确定 effect 在本次渲染中是否应该执行，若应该执行，则在浏览器中将 DOM 绘制到屏幕之后执行，可以将 Ajax 请求、访问 DOM 等操作放在 effect 中，它不会阻塞浏览器绘制。

函数组件可以多次使用 useEffect，每使用一次就定义一个 effect，这些 effect 的执行顺序与它们被定义的顺序一致，建议将不同职责的代码放在不同的 effect 中。接下来从 effect 的清理工作和依赖这两个方面介绍 useEffect。

1. effect 的清理工作

effect 没有清理工作就意味着它没有返回值，相关代码如下。

```
function EffectWithoutCleanUp() {
    const [name, setTitle] = useState<string>(' 何遇 ')
    useEffect(() => {
        document.title = name
    })
    return (
        // ......
    )
}
```

上述代码定义了一个 effect，它的作用是将 document.title 设置成本次渲染时 name 的值。

effect 的清理工作由 effect 返回的函数完成，该函数在组件重新渲染后和组件卸载时调用。代码清单 1-2 定义了一个有清理工作的 effect。

代码清单　1-2

```
function EffectWithCleanUp() {
    const [name, setTitle] = useState<string>(' 何遇 ')
    useEffect(() => {
        const onBodyClick = () => {/** todo */}

        document.body.addEventListener('click', onBodyClick)
        // 在返回的函数中定义与该 effect 相关的清理工作
        return () => {
            document.body.removeEventListener('click', onBodyClick)
        }
    })

    return (
        // ......
    )
}
```

上述 effect 在 DOM 被绘制到界面之后给 body 元素绑定 click 事件，组件重新渲染之后将上一次 effect 绑定的 click 事件解绑。该 effect 在组件首次渲染和之后的每次重新渲染时都会执行，如果组件的状态更新频繁，那么组件重新渲染也会很频繁，这将导致 body 频繁绑定 click 事件又解绑 click 事件。是否有办法使组件只在首次渲染时给 body 绑定事件呢？当然有，那就是依赖。

2. effect 的依赖

前面两个示例定义的 effect 没有指明依赖，因此组件的每一轮渲染都会执行它们。修改代码清单 1-2，让组件只在首次渲染时给 body 绑定事件，实现代码如下。

```
useEffect(() => {
    const onBody = () => {/** todo */}
    document.body.addEventListener('click', onBody)
    return () => {
        // 在组件卸载时将事件解绑
        document.body.removeEventListener('click', onBody)
    }
}, [])
```

给 useEffect 的第二个参数传空数据意味着 effect 没有依赖，该 effect 只在组件初始渲染时执行，它的清理工作在组件卸载时执行。对于绑定 DOM 事件而言这是一件好事，它可以防止事件反复绑定和解绑，但问题是，如果在事件处理程序中访问组件的状态和 props，那么只能拿到它们的初始值，拿不到最新的值。是否有办法让 effect 始终拿到状态和 props 最新的值呢？有。

给 effect 传递依赖项，React 会将本次渲染时依赖项的值与上一次渲染时依赖项的值进行浅对比，如果它们当中的一个有变化，那么该 effect 会被执行，否则不会执行。为了让 effect 拿到它所需状态和 props 的最新值，effect 中所有要访问的外部变量都应该作为依赖项放在 useEffect 的第二个参数中。相关代码如下。

```
useEffect(() => {
    const onBody = () => {
        console.log(name) // 始终得到最新的 name 值
    }
    document.body.addEventListener('click', onBody)
    return () => {
        document.body.removeEventListener('click', onBody)
    }
}, [name])
```

上述 effect 在组件初始渲染时会执行，当 name 发生变化导致组件重新渲染时也会执行，相应地，组件卸载时和由 name 的变化导致组件重新渲染之后将清理上一个 effect。

> **注意** 函数组件每次渲染时，effect 都是一个不同的函数，在函数组件内的每一个位置（包括事件处理函数、effects、定时器等）只能拿到定义它们的那次渲染的状态和 props。

1.3.4　useReducer

useReducer 是除 useState 之外另一个与状态管理相关的 Hooks。对于熟悉 Redux 的工程师而言，理解 useReducer 会很简单。在 React 内部，useState 由 useReducer 实现。useReducer 的类型定义如下。

```
function useReducer<R extends ReducerWithoutAction<any>, I>(
    reducer: R,
    initializerArg: I,
    initializer: (arg: I) => ReducerStateWithoutAction<R>
): [ReducerStateWithoutAction<R>, DispatchWithoutAction];
function useReducer<R extends ReducerWithoutAction<any>>(
    reducer: R,
    initializerArg: ReducerStateWithoutAction<R>,
    initializer?: undefined
): [ReducerStateWithoutAction<R>, DispatchWithoutAction];
function useReducer<R extends Reducer<any, any>, I>(
    reducer: R,
    initializerArg: I & ReducerState<R>,
    initializer: (arg: I & ReducerState<R>) => ReducerState<R>
): [ReducerState<R>, Dispatch<ReducerAction<R>>];
function useReducer<R extends Reducer<any, any>, I>(
    reducer: R,
    initializerArg: I,
    initializer: (arg: I) => ReducerState<R>
): [ReducerState<R>, Dispatch<ReducerAction<R>>];
function useReducer<R extends Reducer<any, any>>(
    reducer: R,
    initialState: ReducerState<R>,
    initializer?: undefined
): [ReducerState<R>, Dispatch<ReducerAction<R>>];
```

useReducer 的类型定义很复杂，一共有 5 个重载，总体而言，它最多可接收三个参数。第一个参数是一个用于更新状态的函数，本书将它称为 reducer。第三个参数非必填，如果不存在第三个参数，那么第二个参数将作为状态的初始值；如果存在第三个参数，那么它必须是函数，第二个参数被传递给该函数用于计算状态的初始值，该函数只在组件初始渲染时执行一次。useReducer 的返回值是一个长度为 2 的数组，数组的第一个位置是状态值，第二个位置是一个用于触发状态更新的函数，该函数被记为 dispatch，调用 dispatch 将导致 reducer 被调用。接下来通过计数器示例对比 useState 和 useReducer 在用法上的差异。

1. 用 useState 实现计数器

用 useState 定义两个状态，分别表示计数器的值和步长。完整的代码如下。

```
function UseStateCounterDemo() {
    const [value, setValue] = useState<number>(0)
    const [step, setStep] = useState<number>(1)

    const onChangeStep = (ev: React.ChangeEvent<HTMLInputElement>) => {
        setStep(Number(ev.target.value))
    }

    return (
        <div>
            <h2>用 useState 实现计数器 </h2>
```

```
            count: {count};
            step: <input type='number' value={step} onChange={onChangeStep}/>
            <button onClick={() => setValue(value+ step)}> 加 </button>
            <button onClick={() => setValue(value - step)}> 减 </button>
            <button onClick={() => {setValue(0); setStep(1)}}> 重置 </button>
        </div>
    )
}
```

2. 用 useReducer 实现计数器

要用 useReducer 就离不开 reducer，reducer 是一个函数，用于更新 useReducer 返回的状态。相关代码如下。

```
const initArg: Counter = {value: 0, step: 1}

// 它用于更新状态
function reducer(prevState: Counter, action: Action): Counter  {
    switch (action.type) {
        case 'increment':
            return {
                ...prevState,
                value: prevState.value + prevState.step
            }
        case 'decrement':
            return {
                ...prevState,
                value: prevState.value - prevState.step
            }
        case 'reset':
            return initArg
        case 'changeStep':
            return {
                ...prevState,
                step: action.value || initArg.value
            }
        default:
            throw new Error();
    }
}
```

计数器 Demo 有两个状态，分别是当前值和加减步数，这两个状态密切相关，这里用一个 TS 接口去描述它们，代码如下。

```
interface Counter {
    // 计数器的当前值
    value: number
    // 计数器的加减步数
    step: number
}
```

计数器有 4 种操作，分别是加、减、重置和修改步数，这里用 TS 接口描述这些行为，代码如下。

```
interface Action {
    type: 'increment' | 'decrement' | 'reset'|'changeStep',
    value?: number
}
```

在组件中使用 useReducer 的代码如下。

```
// 计数器的初始值
const initArg: Counter = {value: 0, step: 1}
function UseReducerCounterDemo() {
    // 使用之前定义的 reducer
    const [counter, dispatch] = useReducer(reducer, initArg)
    const onChangeStep = (ev: React.ChangeEvent<HTMLInputElement>) => {
        dispatch({type: 'changeStep',value: Number(ev.target.value)})
    }

    return (
        <div>
            <h2> 用 useReducer 实现计数器 </h2>
            count: {counter.value};
            step: <input type='number' value={counter.step} onChange={onChangeStep}/>
            <button onClick={() => dispatch({type: 'increment'})}> 加 </button>
            <button onClick={() => dispatch({type: 'decrement'})}> 减 </button>
            <button onClick={() => dispatch({type: 'reset'})}> 重置 </button>
        </div>
    )
}
```

只考虑代码量，读者应该会认为 useState 比 useReducer 更简洁。仔细观察可以发现，上述计数器除了有 value 还有 step，step 对 value 有影响。UseStateCounterDemo 组件将 value 和 step 零散地保存在不同的状态中，然而 UseStateCounterDemo 组件将它们关联在同一个状态中，内聚性更高。useState 与 useReducer 没有优劣之分，它们有各自适用的场景，这里有如下建议。

❑ 当状态是一个拥有很多属性的复杂对象，并且状态更新涉及复杂的逻辑时，推荐使用 useReducer。

❑ 当某个状态的更新受另一个状态影响时，推荐使用 useReducer 将两个状态放在一起。

❑ 当状态只是单独的基本数据类型时，推荐使用 useState。

在介绍 useEffect 时强调过，为了在 effect 中拿到状态最新的值，必须给 effect 设置正确的依赖项。在 effect 中使用 useReducer 返回的 dispatch 能让 effect "自给自足"，减少依赖项。示例代码如下。

```
function DispatchDemo(props: {step: number}) {
    function reducer(value: number) {
```

```
        // 这里始终能访问到最新的 step
        return props.step + value
    }
    const [value, dispatch] = useReducer(reducer, 0)

    useEffect(() => {
        document.body.addEventListener('click', dispatch)
        return () => {
            document.body.removeEventListener('click', dispatch)
        }
    }, [])

    return // 执行
}
```

上述代码中 useEffect 的第二个参数为空数组，这意味着 effect 只在组件初始渲染时执行。由于 React 会让 dispatch 在组件的每次渲染中保持唯一的引用，所以 dispatch 不必出现在 effect 的依赖中，此特性与 Ref 类似。虽然 dispatch 的引用保持不变，但它能调用组件本次渲染时的 reducer，在 reducer 中能得到最新的状态和 props。

 注意 可以从依赖中去除 dispatch、setState 和 Ref，因为 React 会确保它们的引用保持不变。

1.3.5 自定义 Hooks

如果在多个组件中使用了相同的 useEffect 或 useState 逻辑，推荐将这些相同的逻辑封装到函数中，这类函数被称为自定义 Hooks。下面举 3 个自定义 Hooks 的示例。

1. usePrevVal

usePrevVal 的功能是获取状态上一次的值，它利用了 Ref 的可变性，以及 effect 在 DOM 被绘制到屏幕上才执行的特性。

```
function usePrevVal<T>(status: T) {
    const ref = useRef<T>()
    const [prevVal, setPrevVal] = useState<T>()
    useEffect(() => {
        setPrevVal(ref.current)
        ref.current = status
    }, [status])

    return prevVal
}
```

2. useVisible

useVisible 的功能是检测 DOM 元素是否在浏览器视口内，它在 effect 中创建 observer

来异步观察目标元素是否与顶级文档视口相交。

```
function useVisible(root: React.RefObject<HTMLElement>, rootMargin?: string) {
    const [visible, setVisible] = useState<boolean>();

    useEffect(() => {
        const observer = new IntersectionObserver(
            function(entries) {
                entries.forEach(function(entry) {
                    if (entry.isIntersecting) {
                        setVisible(true);
                    } else {
                        setVisible(false);
                    }
                });
            },
            {
                rootMargin
            }
        );

        if (root.current) {
            observer.observe(root.current);
        }

        return () => {
            observer.disconnect();
        };
    }, [root, rootMargin]);

    return visible;
}
```

3. useForceUpdate

useForceUpdate 是返回一个让组件重新渲染的函数。

```
function useForceUpdate() {
    const [,setTick] = useState<number>(0)
    return () => setTick(t => t + 1)
}
```

1.4　React Context API

在 React 应用中，为了让数据在组件间共享，常见的方式是让它们以 props 的形式自顶向下传递。如果数据在组件树的不同层级共享，那么这些数据必须逐层传递到目的地，这种情况被称为 prop-drilling。Context 如同管道，它将数据从入口直接传递到出口，使用

Context 能避免出现 prop-drilling。

实战部分将利用 React Context API 就近取值的原则，让容器组件将数据源传递给其他组件，本节只介绍 Context 的基本用法。总体而言，使用 Context 分为如下三步。

1. 创建 Context 对象

Context 只能使用 React.createContext 方法创建，代码如下。

```
interface IMyContext {
    lang: string;
    changeLang: (lang: string) => void
}
。
const MyContext = React.createContext<IMyContext >({
    lang: 'zh_CN',
    changeLang: () => { throw Error(' 你必须自己实现这个方法 ') }
})
```

2. 用 Context.Provider 包裹组件树

用 Context.Provider 圈选（即包裹）Context 的作用域，只有作用域内的组件才能消费 Context 中的数据，此处是管道的入口，在这里放入想要传递的数据。示例代码如下。

```
import { MyContext } from './myContext'
class ContextDemo extends React.Component<{}> {
    render() {
        return (
            <MyContext.Provider
                value={someValue} // 放入数据，它的数据类型必须与 IMyContext 接口兼容
            >
                // children
            </GlobalContext.Provider>
        )
    }
}
```

3. 订阅 Context

订阅 Context 的位置是管道的出口，对于 Context 对象而言，管道入口只有一个，但出口可以有多个。订阅 Context 有 3 种方式。

（1）类组件的静态属性 contextType

在类组件中使用 contextType 去订阅 Context。用法如下。

```
class MyNestedClass extends React.Component<{}> {
    static contextType = MyContext // 订阅第一步创建的 Context
    render() {/**todo*/}
}
```

contextType 订阅 Context 之后，除了不能在构造函数中使用 this.context 访问到 context value 之外，在类组件的其他位置都能使用 this.context 访问到数据。React 组件的 should-ComponentUpdate 的第三个参数是组件即将接收的 context。

（2）useContext

在函数组件中通过 useContext 订阅 Context 时，useContext 的使用次数不限。用法如下。

```
function MyNestedFunc() {
    const myContext = useContext(MyContext) // 订阅第一步创建的Context
    return (/**todo*/)
}
```

（3）Context.Consumer

Context.Consumer 是 React 组件，在 Context 作用域的任何位置都能使用它，它只接收一个名为 children 的 props，children 必须是一个返回 React.ReactNode 的函数，该函数以 context 作为参数。用法如下。

```
<MyContext.Consumer>
    {(context) => <MyNestedCom lang={context.lang}/>}
</MyContext.Consumer>
```

无论如何订阅 Context，只要 context 的值被更新，那么订阅该 Context 的组件一定会重新渲染，而不管 context 更新的那部分值是否被自己使用，也不管祖先组件是否跳过重新渲染。所以推荐将不同职责的数据保存到不同的 context 中，以减少不必要的重新渲染。

如果给 Context.Provider 的 value 属性传递了一个对象字面量，那么 Context.Provider 的父组件每一次重新渲染都会使 context 值发生变化，进而导致订阅该 Context 的组件重新渲染，所以应该避免给 Context.Provider 的 value 传对象字面量。

1.5　深入理解 React 的渲染流程

1.5.1　生命周期流程

自函数组件有了 Hooks 以来，一些开发者在理解 Hooks 时总是带上类组件的生命周期，实际上两者的生命周期完全不同。类组件的生命周期流程如图 1-1 所示。

父组件重新渲染，调用 this.setState()、调用 this.forceUpdate() 以及订阅的 Context 的 value 发生变更都会导致类组件更新。

函数组件的生命周期流程如图 1-2 所示。

装载时运行的惰性初始化程序指传递给 useState 和 useReducer 的函数。父组件重新渲染、状态发生变更以及订阅的 Context 的 value 发生变更都会导致函数组件更新。由图 1-2 可知，上一次的 effect 会在组件更新后被清理，清理 effect 和运行 effect 都不会阻塞浏览器绘制。

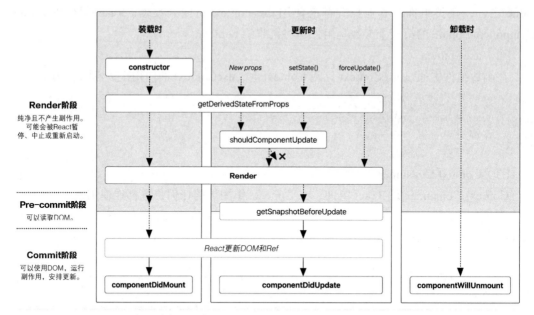

（此图源于 https://projects.wojtekmaj.pl/react-lifecycle-methods-diagram/）

图 1-1　类组件的生命周期流程

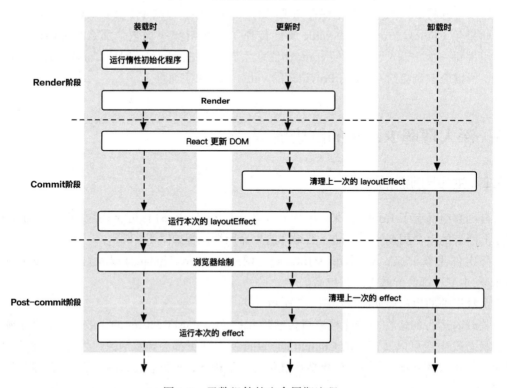

图 1-2　函数组件的生命周期流程

1.5.2 渲染流程

前文多次提到渲染和重新渲染，那么它们究竟是什么意思呢？渲染是 React 让组件根据当前的 props 和状态描述它要展示的内容；重新渲染是 React 让组件重新描述它要展示的内容。渲染与更新 DOM 是不同的事情，组件经历了渲染，DOM 不一定会更新，React 渲染一个组件，如果组件返回的输出与上次的相同，那么它的 DOM 节点不需要有任何更新。本小节介绍与 React 渲染相关的知识。

将组件显示到屏幕上，React 的工作分为如下两个阶段。

❑ Render 阶段（渲染阶段）：计算组件的输出并收集所有需要应用到 DOM 上的变更。

❑ Commit 阶段（提交阶段）：将 Render 阶段计算出的变更应用到 DOM 上。

在 Commit 阶段 React 会更新 DOM 节点和组件实例的 Ref。如果是类组件，React 会同步运行 componentDidMount 或 componentDidUpdate 生命周期方法；如果是函数组件，React 会同步运行 useLayoutEffect Hooks，当浏览器绘制 DOM 之后，再运行所有的 useEffect Hooks。

1. React 重新渲染

初始化渲染之后，下面的方式会让 React 重新渲染组件。

1）类组件，具体如下。

❑ 调用 this.setState 方法。

❑ 调用 this.forceUpdate 方法。

2）函数组件，具体如下。

❑ 调用 useState 返回的 setState。

❑ 调用 useReducer 返回的 dispatch。

3）其他，具体如下。

❑ 组件订阅的 Context 的 value 发生变更。

❑ 重新调用 ReactDOM.render(<AppRoot>)。

假设组件树如图 1-3 所示。

在默认情况下，如果父组件重新渲染，那么 React 会重新渲染它所有的子组件。当用户单击组件 A 中的按钮，使组件 A count 状态值加 1 时，将发生如下的渲染流程。

1）React 将组件 A 添加到重新渲染队列中。

2）从组件树的顶部开始遍历，快速跳过不需要更新的组件。

3）React 发现组件 A 需要更新，它会渲染 A。A 返回 B 和 C。

4）B 没有被标记为需要更新，但由于它的父组件 A 被渲染了，所以 React 会渲染 B。

5）C 没有被标记为需要更新，但由于它的父组件 A 被渲染了，

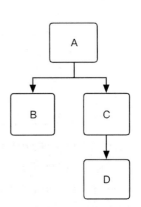

图 1-3 组件树

所以 React 会渲染 C，C 返回 D。

6）D 没有被标记为需要更新，但由于它的父组件 C 被渲染了，所以 D 会被渲染。

在默认情况下，在渲染流程中，React 不关心子组件的 props 是否改变了，它会无条件地渲染子组件。很可能图 1-3 中所示的大多数组件会返回与上次完全相同的结果，因此 React 不需要对 DOM 做任何更改。但是，React 仍然会要求组件渲染自己并对比前后两次渲染输出的结果，这两者都需要时间。

2. Reconciliation

Reconciliation 被称为 Diff 算法，它用来比较两棵 React 元素树之间的差异。为了让组件重新渲染变得高效，React 尽可能地复用现有的组件和 DOM。为了降低时间复杂度，Diff 算法基于如下两个假设实现。

❑ 两个不同类型的元素对应的元素树完全不同。

❑ 在同一个列表中，如果两个元素的 key 属性相同，那么它们会被识别为同一个元素。

下面分别介绍这两个假设对 Diff 算法的影响。

（1）元素类型对 Diff 算法的影响

React 使用元素的 type 字段比较元素类型是否相同。如果两棵树在相同位置要渲染的元素类型相同，那么 React 就重用这些元素，并在适当的时候更新，而不是重新创建。这意味着，只要一直要求 React 将某组件渲染在相同的位置，那么 React 始终不会卸载该组件。如果元素位置相同但类型不同，例如从 div 到 span 或者从 ComponentA 到 ComponentB，React 会认为整棵树发生了变化。为了加快比较过程，React 会销毁整棵现有的组件树，包括所有的 DOM 节点，然后重新创建元素。

浏览器内置元素的 type 字段是一个字符串，自定义的组件元素的 type 字段是一个类或者函数。在渲染期间不要创建组件，因为元素类型对 Diff 算法的影响，只要创建一个新的组件，那么它的 type 字段就是不同的引用，这将导致 React 不断地销毁并重新创建子组件树。在项目中不推荐出现如下代码。

```
function ParentCom() {
    // 每一次渲染 ParentCom 时，都会创建新的 ChildCom 组件
    function ChildCom() {/**do something*/}

    return <ChildCom />
}
```

推荐的做法是将 ChildCom 放在 ParentCom 的外面。

（2）key 对 Diff 算法的影响

React 识别元素的另一种方式是通过 key 属性。key 属性作为唯一标识符不会被当作 props 传递给组件。可以给任何组件添加 key 属性去标注它，更改 key 的值会导致旧的组件实例和 DOM 被销毁。

列表是使用 key 属性的主要场景。在 React 官方文档中提到，不要将数组的下标作为 key 值，而是用数据的唯一 ID 作为 key 值。下面介绍这两种方式的区别。

假如执行列表中有 10 项待执行事项。先用数组下标作为 key 的值，这 10 项待执行事项的 key 值为 0 到 9，现在删除数组的第 6 项和第 7 项，并在数组末尾添加 3 个新的数据项，我们最终得到 key 值为 0 到 10 的待执行事项，看起来只是在末尾新增 1 项，将原来的列表从 10 项变成了 11 项。React 很乐意复用已有的 DOM 节点和组件实例，这意味着原来第 6 项对应的组件实例没有被销毁，现在它接收新的 props 用于呈现原来的第 8 项。在这个例子中 React 会创建 1 个待执行事项，更新 4 个待执行事项。

如果用数据的 ID 作为 key 值，React 能发现第 6 项和第 7 项被删除了，并发现数组新增了 3 项，所以 React 会销毁与第 6 项和第 7 项对应的组件实例及其关联的 DOM，还会创建 3 个组件实例及其关联的 DOM。

3. 提高渲染性能

要将组件显示在界面上，组件必须经历渲染流程，但渲染有时候会被认为是在浪费时间。如果渲染的输出结果没有改变，它对应的 DOM 节点也不需要更新，该组件的渲染工作就真的是在浪费时间。React 组件的输出结果始终基于当前 props 和状态的值，因此，如果我们知道组件的 props 和状态没有改变，那么便能无后顾之忧地让组件跳过重新渲染。

React 提供了 3 个主要的 API 让我们跳过重新渲染。

- ❑ React.Component 的 shouldComponentUpdate：这是类组件可选的生命周期函数，它在组件的 Render 阶段早期被调用，如果返回 false，React 将跳过重新渲染该组件的过程。使用它最常见的场景是检查组件的 props 和状态是否自上次以来发生了变更，如果没有变更则返回 false。
- ❑ React.PureComponent：它在 React.Component 的基础上添加了默认的 shouldComponent-Update 去比较组件的 props 和状态自上次渲染以来是否有变更。
- ❑ React.memo：这是一个高阶组件，接收自定义组件作为参数，返回一个被包裹的组件。被包裹的组件的默认行为是检查 props 是否有更改，如果没有，则跳过重新渲染的过程。

上述方法都通过浅比较来确定值是否有变更，如果用 mutable 的方式修改状态，那么这些 API 都将认为状态没有变。除了上述三种常见的方式可阻止组件重新渲染外，还有一种不常见的方式：如果组件在渲染过程中返回的元素的引用与上一次渲染时的引用完全相同，那么 React 不会重新渲染该组件。示例如下。

```
function ShowChildren(props: {children: React.ReactNode}) {
    const [count, setCount] = useState<number>(0)

    return (
        <div>
            {count} <button onClick={() => setCount(c => c + 1)}>click</button>
```

```
            {/* 写法一 */}
            {props.children}
            {/* 写法二 */}
            {/* <Children/> */}
        </div>
    )
}
```

上述 ShowChildren 的 props.children 对应 Children 组件，因此写法一和写法二在浏览器中呈现的效果一样。单击按钮不会使写法一的 Children 组件重新渲染，但是会使写法二的 Children 组件重新渲染。

上述 4 种跳过重新渲染的方式，意味着 React 会跳过整棵子树的重新渲染。

默认情况下，只要组件重新渲染，React 就会重新渲染所有被它嵌套的后代组件，即便组件的 props 没有变更。如果试图通过 React.memo 和 React.PureComponent 优化组件的渲染性能，那么要注意每个 props 的引用是否有变更。下面的示例试图使用 React.memo 让组件不重新渲染，但事与愿违，组件会重新渲染。

```
const MemoizedChildren = React.memo(Children)

function Parent() {
    const onClick = () => { /** todo*/}
    return <MemoizedChildren onClick={onClick}/>
}
```

上述代码中，Parent 组件被重新渲染会创建新的 onClick 函数，所以对 MemoizedChildren 而言，props.onClick 的引用有变化，因此被 React.memo 包裹的 Children 组件会被重新渲染。如果必须让组件跳过重新渲染，那么可在上述代码中将 React.memo 与 useCallback 配合使用。

1.5.3　immutable 与 React 渲染

immutable 不是 React 中的概念，但它对于写一个正确的 React 程序来说至关重要。不考虑生命周期 shouldComponentUpdate 对组件重新渲染造成的影响，当组件的状态发生变化时，组件将被重新渲染。你可曾遇到过这样的情况：你自认为改变了状态的值，但是组件没有重新渲染？本小节将揭露其中的缘由并介绍如何编写符合 immutable 原则的代码。

1. 什么是 immutable

immutable 指不发生变化，这意味着创建新的值去替换原来的值，而非改变原来的值。与 immutable 相反的概念是 mutable。下面用代码演示 mutable 和 immutable 的区别。

```
let user = {name: 'Bela'}
user.name = 'CI' // 改变 user 的 name 属性
user.age = 12 // 给 user 新增 age 属性
user = {name: 'Bela'} // 用新的值替换原来的值
```

上述代码的第 2 行和第 3 行都属于改变原来的值，只有第 4 行是新建对象，用新对象替换原来的对象。下面调用函数进一步说明 immutable 与 mutable 的区别。

```
function addAgeMutable(user: User) {
    user.age = 12 // 修改原来的
    return user
}

function addAgeImmutable(user: User) {
    const other = Object.assign({}, user) // 创建新的
    other.age = 12
    return other
}

let user1Original = {name: 'Bella'}
let user1New = addAgeMutable(user1Original) // 用 mutable 的方式

let user2Original = {name: 'Bella'}
let user2New = addAgeImmutable(user2Original) // 用 immutable 的方式

console.log('user1Original 与 user1New 相同吗?',user1Original === user1New) // true
console.log('user2Original 与 user2New 相同吗?',user2Original === user2New) // false
```

上述 addAgeMutable 函数直接给参数新增 age 属性，但 addAgeImmutable 函数没有改变参数，而是新建了一个对象，在新对象上添加 age 属性。

总结一下，immutable 是指不修改原来的值，而 mutable 指的是在原来值的基础上进行修改，通过 mutable 的方式修改变量会导致修改前后变量的引用不变。

某些操作数组的方法会让原来的数组发生变化，比如 push、pop、shift、unshift、splice。有一些操作数组的方法不会让原来的数组发生变化，而是返回一个新组件，比如 slice、concat。字符串、布尔值和数值操作都不改变原来的值，而是创建一个新的值。

2. React 程序中的 immutable

在 React 程序中，组件的状态必须具备不变性，这里演示修改状态的正确与不正确方式。为了说明状态的组成结构，先定义一个 State 接口，代码如下。

```
interface State {
    user: User
    hobbies: string[]
    time: string
}
```

从上述接口可以看出，组件有三个状态，分别为 user、hobbies 和 time，它们的数据类型各不相同。

（1）修改状态的错误案例

下面的案例试图用 mutable 的方式修改状态，这些做法全部都是错误的。

```
// 案例一
this.state.user.age = 13
// 案例二
this.setState({
    user: Object.assign(this.state.user, {age: 13})
})

// 案例三
this.setState({
    hobbies: this.state.hobbies.reverse(),
})

// 案例四
this.state.hobbies.length = 0
this.setState({
    hobbies: this.state.hobbies,
})
```

❑ 案例一直接修改 user 的内部结构，修改前后 user 的引用不变。

❑ 案例二错误使用 Object.assign，Object.assign 将第二个参数的属性合并到第一个参数上，然后将第一个参数返回。这意味着案例二还是修改了 user 的内部结构，修改前后 user 的引用不变。

❑ 案例三使用 reverse 将数组翻转，它翻转的是原数组，翻转前后数据的引用不变。

❑ 案例四修改 hobbies 的长度，修改前后 hobbies 的引用不变。

上述 4 个案例都不符合数据一旦创建就不发生变化的原则，由于调用了 setState 方法，所以对于用 React.Component 创建的组件而言，不会发生故障，但是对于用 React.PureComponent 创建的组件而言，会发生故障，即界面不更新。

（2）修改状态的正确案例

下面的案例与上面的错误案例一一对应，这里的案例通过 immutable 的方式修改状态。

```
// 案例一
    this.setState({
        user: {...this.state.user, age: 13}
    })

    // 案例二
    this.setState({
        user: Object.assign({},this.state.user, {age: 13})
    })

    // 案例三
    this.setState({
        hobbies: [...this.state.hobbies].reverse()
    })

    // 案例四
```

```
this.setState({
    hobbies: []
})
```

上述案例都是新建一个值，用新建的值替换原来的值，符合数据一旦创建就不发生变化的原则。

组件更新状态并重新渲染时，React 会区别对待类组件的 this.setState 以及函数组件的 useState 和 useReducer。在函数组件中，React 要求所有 Hooks 更新状态必须传入或者返回一个新的引用作为状态值。如果 React 发现状态更新来自 Hooks，它会检查该值的引用与以前的引用是否相同，如果相同，则退出该函数组件的渲染流程，这导致用户界面不更新。使用 this.setState 更新类组件的状态，React 并不关心状态的引用是否变化，只要在类组件中调用 this.setState，该组件一定会重新渲染，当然如果类组件的 shouldComponentUpdate 返回 false，那么类组件不会被重新渲染。

1.6　MobX 状态管理库

MobX 是一个状态管理库，它会自动收集并追踪依赖，开发人员不需要手动订阅状态，当状态变化后 MobX 能够精准地更新受影响的内容。另外，它不要求状态是可 JSON 序列化的，也不要求状态必须符合 immutable 原则，MobX 推荐的数据流如图 1-4 所示。

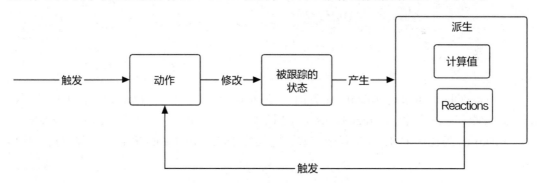

图 1-4　MobX 推荐的数据流

1.6.1　从一个 Demo 开始

MobX 可以独立于 React 运行，在介绍它的核心概念之前，先看一个单独使用 MobX 的 Demo，即 Todo-List。

1. 前期准备

安装 6.5.0 版本的 MobX，实战部分将沿用该版本，由于在本小节和实战部分会将 MobX

与 TypeScript 一起使用，并且会使用类，所以将 TypeScript 编译器配置项 useDefineFor-ClassFields 设置为 true。

 注意 如果 TypeScript 编译器配置项 target 字段为 ES2022 或更高，那么 useDefineForClass-Fields 的默认值为 true，否则默认值为 false。

2. 创建类并将其转化成可观察对象

创建 ToDoItem 类和 ToDoList 类，ToDoItem 类的代码如下。

```typescript
import { makeObservable, observable, action } from 'mobx'
class ToDoItem {
    id: number
    name: string
    status: 0 | 1

    changeStatus(status: Status) {
        this.status = status
    }

    constructor(name: string) {
        this.id = Uid ++
        this.name = name
        this.status = 0
        // 注意这里
        makeObservable(this, {
            status: observable,
            changeStatus: action
        })
    }
}
```

用 makeObservable 将 ToDoItem 实例变成可观察的，用 observable 标记 status 字段，让 MobX 跟踪它的变化，changeStatus 方法用于修改 status 的值，所以用 action 标记它。

ToDoList 类比 ToDoItem 类复杂一些，它收集 Todo-List Demo 需要的全部数据，代码如下。

```typescript
import { makeObservable, observable, action, computed, runInAction } from 'mobx'
class ToDoList {
    searchStatus?: 0 | 1
    list: ToDoItem[] = []
    get displayList() {
        if (!this.searchStatus) {
            return this.list
        } else {
            return this.list.filter(item => item.status === this.searchStatus)
        }
    }
}
```

```
changeStatus(searchStatus: Status | undefined) {
    this.searchStatus = searchStatus
}

addItem(name: string) {
    this.list.push(new ToDoItem(name))
}

async fetchInitData() {
    await waitTime()
    // 注意这里
    runInAction(() => {
        this.list = [new ToDoItem('one'), new ToDoItem('two')]
    })
}

constructor() {
    // 注意这里
    makeObservable(this, {
        searchStatus: observable,
        list: observable,
        displayList: computed,
        changeStatus: action,
        addItem: action
    })
}
}
```

与 ToDoItem 相 比，ToDoList 使 用 了 computed 标 记，这 是 因 为 displayList 的 值 由 searchStatus 和 list 通过一个纯函数计算而来，所以它被标记为 computed。fetchInitData 是一个异步方法，在其中用 runInAction 创建一个立即执行的 action 去修改 list 的值，实际上不使用 runInAction 而使用一个用 action 标记的方法也能修改 list 的值。从 fetchInitData 的实现可以看出，异步修改状态和同步修改状态没有差别，只要保证在 action 中修改即可。

3. 使用可观察对象

在 ToDoList 和 ToDoItem 的构造函数中调用 makeObservable 方法，并用合适的注解去标记实例字段。接下来用一段代码验证 MobX 是否按照要求跟踪状态的变化。代码如下。

```
import { autorun} from 'mobx'

autorun(() => { console.log(toDoList.list.length) })      // A 行
autorun(() => { console.log(toDoList.list) })             // B 行
```

autorun 接收一个函数，该函数同步执行过程中访问的状态或计算值发生变化时，它会自动运行。另外，调用 autorun 时，该函数也会运行一次。使用 toDoList.addItem 方法往 list 数组中放入一个事项，你会发现上述代码 A 行的函数会运行，但是 B 行的函数不会运行；使用 toDoList.fetchInitData 方法给 list 数组赋值，A 行和 B 行的函数都会运行。出现这种差异是因为 autorun 使用全等（===）运算符确定两个值是否相等，且它认为 NaN 等于 NaN。

用如下代码验证 MobX 是否按照要求跟踪 ToDoItem 实例的状态变化。

```
import { autorun} from 'mobx'
autorun(() => {
    if (toDoList.list.length) {
        console.log(toDoList.list[0]?.status)
    }
})
reaction(() => toDoList.list.length, () => {
    toDoList.list[0].changeStatus(1)// 修改 status 的值
})
```

当 reaction 方法的第一个参数返回 true 时，它的第二个参数会自动执行。上述代码在 reaction 中修改 toDoItem 的 status 字段的值，修改之后 autorun 能成功运行一次。

1.6.2　MobX 的核心概念

总体而言，MobX 有 3 个核心概念，分别是 State（状态）、Action（动作）和 Derivation（派生）。

1. 状态

此处状态的全称为 Observable state，它是驱动应用程序的数据，ToDoItem 和 ToDoList 类中用 observable 标记的属性就是 Observable state。有 3 种方法可使对象变成可观察对象，分别是 makeObservable、makeAutoObservable 和 observable。

（1）makeObservable

任何 JavaScript 对象（包含类的实例）都能作为 makeObervable 的第一个参数。通常在构造函数中调用它，并将 this 传递给它。它的第二个参数是对象各个字段的注解。在 Demo 中曾使用过 makeObservable，这里不做过多的介绍，本书的实战部分包括对它的使用。

（2）makeAutoObservable

makeAutoObservable 是 makeObservable 的加强版，在默认情况下它将推断出对象所有属性的注解，默认推断规则如下。

- ❏ 对象上所有的成员属性将变成 state。
- ❏ 对象上所有的 getter 将变成 computed。
- ❏ 对象上所有的 setter 将变成 action。
- ❏ 对象 prototype 上的方法将变成 autoAction。
- ❏ 对象 prototype 上的 generator 方法将变成 flow。

（3）observable

在 Todo-List Demo 中 observable 被当作注解去标记字段，实际上它也能作为函数被调用。将数组、JavaScript 普通对象、Set 和 Map 传给 observable 函数，可一次性将整个数据变成可观察的。类的实例不能作为参数传给 observable，应该在类的构造函数中使用 makeObservable 或 makeAutoObservable 将实例变成可观察的。observable 函数的用法如下。

```
const users = observable([
    {name: 'Bella'},
    {name: '何遇'}
])

autorun(() => {
    console.log(users[0].name)
})
// autorun 函数将运行
users[0].name = 'Bella12'
```

observable 函数的返回值会用 Proxy 包装，所以调用 observable 之后添加到返回值上的属性也会被 MobX 观察。

 注意　MobX 对类继承的支持有限，它推荐使用组合而非继承，在 1.6.1 节的 Demo 中使用的就是组合。

2. 动作

动作对应着一段用于修改状态的代码，1.6.1 节中介绍的 toDoList.addItem、toDoList.changeStatus 和 toDoItem.changeStatus 用于修改状态，所以在构建函数时将它们标记为 action。函数被标记为 action 之后，MobX 将跟踪该函数的调用。值得注意的是，不修改状态的函数不应该标记为 action。

（1）将 action 用作高阶函数

1.6.1 节将 action 当作注解与 makeObservable 配合使用以求标记函数。除此之外，它还能当作高阶函数被直接调用，用法如下。

```
import { action } from 'mobx'
// 用 action 函数包裹事件处理程序
const onClick = action((event) => {
    // 在事件处理程序中修改状态
})

// 用 Actions 包裹 promise 的 onFulfilled 和 onRejected 处理程序
fetchData().then(
        action(response => {/** 修改状态 */}),
        action(reason => {/** 修改状态 */})
)
```

被 action 高阶函数包裹的函数会变成 action，在函数内部能修改状态。

（2）runInAction 函数

1.6.1 节已经使用过 runInAction 函数，通过它能创建一个立即执行的动作。

3. 派生

派生的来源是状态，它是为了响应状态的变化而产生的。总体而言，派生分为两类——计算值和 Reactions。调用 makeObservable 时，计算值用 computed 标记，它由状态和纯函数通过惰性求值计算而来，并且只有当其依赖的状态被改变时才会重新计算。计算值可以有 setter，但 setter 不能直接修改计算值。Reactions 指的是当状态改变时要自动运行的副作用，比如网络请求或者将 React 组件显示在屏幕上。

（1）计算值

从 1.6.1 节中的 Demo 可以看出，对于类而言，计算值只是一个普通的 getter 属性。抛开 MobX 不谈，getter 属性可以通过实例在任何位置被访问，这是 JavaScript 的自有特性。MobX 的计算值也能在任何位置被访问，但如果在 action 或者 reaction 之外访问计算值，那么每次访问都会重新计算。将 MobX 的 computedRequiresReaction 配置项设置为 true 可以禁止在 action 或者 reaction 之外访问计算值。计算值是除状态之外另一种可被观察的数据。

计算值应该遵守如下 3 条规则。

❏ 不应该产生副作用也不应该修改状态。

❏ 避免创建和返回新的状态。

❏ 不应该依赖未被 MobX 跟踪的值。

computed 除了被当作注解外，还能被当作高阶函数直接调用，此时在返回的对象上使用 get() 获取当前的计算值。与当作注解相比，computed 当作高阶函数并不常用，下面是一个示例。

```
import { computed } from 'mobx'
import { observer } from 'mobx-react-lite'

const Item = observer(({ item, store }) => {
// 这是计算值
    const isSelected = computed(() => store.isSelected(item.id)).get()
    return (
        <div className={isSelected ? "selected" : ""}>
            {item.title}
        </div>
    )
}
```

上述代码来自 MobX 官方文档，它将 MobX 与 React 结合使用。关于如何将 MobX 与 React 结合使用将在后续内容中介绍。

回头看 1.6.1 节中的代码，你会发现 computed 注解以如下的形式直接放在了 getter 属性的后面。

```
{
    displayList: computed
}
```

实际上 computed 注解还能用如下的形式使用：

```
{
    displayList: computed(在这里传入 Options 参数，改变 computed 的默认行为)
}
```

Options 参数可以传递多个属性，这里只讨论 equals 属性。equals 充当比较函数，用于让观察者（如 Reactions）判断计算值的上一次结果与下一次结果是否相等，如果相等，那么该计算值的观察者不会运行。equals 属性的默认值是 comparer.default，MobX 提供的 comparer 有如下几个选项。

❑ comparer.identity：使用全等号（===）确定两个值是否相等。

❑ comparer.default：与 comparer.identity 类似，但它会认为 NaN 等于 NaN。

❑ comparer.structural：执行深层的结构比较以确定两个值是否相等。

❑ comparer.shallow：执行浅层的结构比较以确定两个值是否相等。

除了使用 comparer 提供的方法，还能给 equals 属性传递一个自定义方法，如下所示：

```
{
    displayList: computed({
        equals: (a, b) => a.isSame(b)
    })
}
```

（2）Reactions

创建 Reactions 的目的是将状态及计算值与副作用关联，当关联的值发生变化时，自动运行副作用。创建 Reactions 最简单的方法是使用 autorun 方法，该方法在 1.6.1 节的 Demo 中使用过。除此之外，还有 reaction 和 when。

1）autorun：用法是 autorun(effect: (reaction) => void, options?)。当 effect 同步执行过程中访问的状态或计算值发生变化时，effect 会自动执行。autorun 不会跟踪在 action 中访问的状态和计算值。调用 autorun 时，effect 也会运行一次。相关代码如下。

```
autorun(async () => {
    // 会跟踪 toDoList.list.length 的变化
    console.log(toDoList.list.length, 'todo')
    runInAction(() => {
        // toDoList.displayList 不会被跟踪
        console.log(toDoList.displayList)
    })
    await waitTime()
    // autorun 不会跟踪 toDoList.searchStatus 的变化
```

```
        console.log(toDoList.searchStatus, 'searchStatus async')
})
```

由于 toDoList.searchStatus 不是在同步执行过程中访问的，所以 autorun 不会跟踪它的变化；由于 toDoList.displayList 在 action 中被访问，所以 autorun 不会跟踪它的变化。

2）reaction：用法是 reaction(() => value, (value, previousValue, reaction) => { sideEffect}, options?)。与 autorun 相比，reaction 可以更精准地控制要跟踪的状态和计算值。reaction 接收两个函数，第一个函数的返回值会作为第二个函数的参数，当返回值发生变化时，第二个函数会自动运行。相关代码如下。

```
reaction(() => {
    const j = toDoList.searchStatus
    return toDoList.list.length
}, () => {
    toDoList.list[0].changeStatus(Status.finished)
})
```

上述代码中，当 toDoList.searchStatus 或 toDoList.list.length 发生变化时会运行第一个函数，toDoList.list.length 是第一个函数的返回值，只有当它变化时，第二个函数才会运行。

3）when：when 有两种用法，分别是 when(predicate: () => boolean, effect?: () => void, options?) 和 when(predicate: () => boolean, options?): Promise。不管是哪一种用法，when 都会观察并运行给定的 predicate 函数，直到返回 true。如果 when 有 effect 函数，那么当 predicate 返回 true 时，effect 会运行一次。如果 when 没有 effect 函数，那么 when 返回一个 promise 对象，在该对象上调用 cancel 方法将取消观察 predicate 函数。when 的用法示例代码如下。

```
// when 的用法一
when(() => {
    // 在返回 true 之前，该函数会被观察并运行
    return toDoList.list.length > 2
}, () => {
    // 第一个函数放回 true 之后，会运行到这里
    console.log('disposer when')
})
// when 的用法二
async function waitTrue(){
    await when(() => toDoList.list.length > 2)
    // 直到 toDoList.list.length > 2 时才会运行到这里
}
```

autorun、reaction 和 when 都会返回一个 disposer 函数，调用该函数能取消订阅可观察对象。默认情况，传递给 autorun、reaction 和 when 的函数只有在它们观察的所有对象都被回收之后才会被回收，所以为了防止内存泄漏，在不需要使用那些函数的 effect 时，调用 disposer 将 reactions 清理掉。

autorun、reaction 和 when 都接收一个 options 作为参数，在 options 中可以设置多个属性，比如 delay、timeout、equals 等。delay 属性只对 autorun、reaction 起作用，它用于对 effect 函数节流。timeout 属性只对 when 起作用，如果 when 等待的时间超过 timeout 设置的毫秒数，那么 when 将会抛出错误。equals 属性只对 reaction 起作用，用于判断 reaction 第一个函数的返回值与上一次相比是否相等，只有不相等，reaction 的第二个参数才会执行。equals 属性的默认值为 comparer.default，equals 属性的更多取值可以参考计算值的 equals 属性的取值。

1.6.3　集成 React

现在将 MobX 与 React 结合去完善 1.6.1 节的 Demo，为此要安装 mobx-react-lite 或 mobx-react。mobx-react 比 mobx-react-lite 的功能更多，同时它的体积也更大，如果你的项目只使用函数组件，那么推荐安装 mobx-react-lite 而非 mobx-react。为了演示更多的用法，本节安装 mobx-react。另外，本节会使用装饰器语法，所以要将 TypeScript 编译器配置项 experimentalDecorators 设置为 true。

下面是一个将 MobX 与 React 结合在一起使用的简单示例。

```
import { observer } from 'mobx-react'
import toDoList, { Status } from '../../mobx/todo'

const ToDoListDemoGlobalInstance= observer(
    class extends React.Component<{}, {}> {
        componentDidMount() {
        // 3s 之后修改 searchStatus 的值
            setTimeout(() => {
                toDoList.changeStatus(Status.finished)
            }, 3000);
        }

        render() {
            return (
                <div>searchStatus: {toDoList.searchStatus}</div>
            )
        }
    }
)
```

observer 是一个高阶组件，它会订阅组件在渲染期间访问的可观察对象。可观察对象指的是用 makeAutoObservable、makeObservable 或 observable 转换之后的对象，当组件渲染期间访问的 Observable 状态和计算值发生变化时，组件会重新渲染。在上述代码中，组件被装载 3s 之后将修改 searchStatus 的值，由于 render 方法访问了 searchStatus 的值，所以组件会重新渲染。observer 除了以高阶组件的形式使用之外，它还能以装饰器的形式使用。

将 MobX 与 React 结合在一起的关键在于用 observer 包裹组件以及在组件中读取可观察对象。observer 不关心可观察对象从哪里来，也不关心如何读取可观察对象，只关心在组件中可观察对象是否可读。

1. 在组件中使用可观察对象

下面介绍 6 种在组件中使用可观察对象的方法。

1）**访问全局的类实例**。1.6.1 节展示的 Demo 就是在组件中直接访问全局的类实例，在这里不再给出更多的示例代码。

2）**通过 props**。这种方法是指将可观察对象通过 props 的形式传递到组件中，代码如下。

```
import { observer } from 'mobx-react'
import toDoList, { Status } from '../../mobx/todo'

@observer
class ToDoListDemoByProps extends React.Component<{toDoList: ToDoList}, {}> {
    componentDidMount() {
        setTimeout(() => {
            toDoList.changeStatus(Status.finished)
        }, 3000);
    }

    render() {
        // 读取 props 中的可观察对象
        return (
            <div>ToDoListDemoByProps - searchStatus: {this.props.toDoList.
                searchStatus}</div>
        )
    }
}

// 使用 ToDoListDemoByProps
<ToDoListDemoByProps toDoList={toDoList}/>
```

3）**通过 React Context**。这种方法是指通过 React Context 让可观察对象在整个被 Context. Provider 包裹的组件树中共享，代码如下。

```
import { observer } from 'mobx-react'
import toDoList, { Status, ToDoList } from '../../mobx/todo'

// 创建 Context
const todoContext = React.createContext<ToDoList>({
    list: [],
    searchStatus: undefined,
    get displayList() {
        return []
    },
    changeStatus: () => {},
```

```
    addItem: () => {},
    fetchInitData: () => Promise.resolve<void>(undefined),
})


// 创建一个用 observer 包裹的函数组件
const ToDoListDemoByContext = observer(() => {
    // 在函数组件中使用 Context
    const context = useContext(todoContext);
    useEffect(() => {
        setTimeout(() => {
            context.changeStatus(Status.finished)
        }, 3000);
    })
    return (
        <div>ToDoListDemoByContext - searchStatus: {context.searchStatus}</div>
    )
})


// 往 Context 传值
<todoContext.Provider value={toDoList}>
    <ToDoListDemoByContext/>
</todoContext.Provider>
```

4）**在组件中实例化 observable 类并存储它的实例**。这种方法指的是在组件作用域中实例化类，并且将结果保存到组件的某个字段中。如果在函数组件中使用这种方法，那么还需要用到 useState。代码如下。

```
const ToDoListFuncDemoLocalInstance= observer(() => {
    // 实例化类
    const [ todoList ] = useState(() => new ToDoList())
    useEffect(() => {
        setTimeout(() => {
            // 使用实例方法更新状态
            todoList.changeStatus(Status.finished)
        }, 3000);
    })
    return (
        <div>ToDoListDemoLocalInstance - searchStatus: {todoList.
            searchStatus}</div>
    )
})
```

对于类组件而言，只需要将 new ToDoList 的结果保存在它的实例属性上，之后在组件中访问该实例属性，代码如下。

```
@observer
class ToDoListClassDemoLocalInstance extends React.Component<{}, {}> {
    todoList = new ToDoList()
    // other
}
```

5）**在组件中调用 observable 方法创建可观察对象**。这种方法不使用类去创建可观察对象，而是使用 observable 方法创建可观察对象。与第 4 种方式一样，在函数组件中还要用到 useState。代码如下。

```
import { observable } from 'mobx'

const LocalObservableDemo = observer(() => {
    // 调用 observable
    const [counter] = useState(() => observable({
        count: 0,
        addCount() {
            this.count ++
        }
    }))

    return <>
        <div>{counter.count}</div>
        <button onClick={() => counter.addCount()}>add</button>
    </>
})
```

上述代码使用 MobX 导出的 observable 方法创建一个可观察对象，并在函数组件使用该对象。当该对象的 count 属性值发生变化时，组件将重新渲染。对于类组件而言，只需要将 observable 函数的结果保存到实例属性上即可。

6）**在函数组件中使用 useLocalObservable**。useLocalObservable 是 useState + observable 简写版本，只能在函数组件中使用，代码如下。

```
import { observer, useLocalObservable } from 'mobx-react'
const UseLocalObservableDemo = observer(() => {
    const counter = useLocalObservable(() => ({
        count: 0,
        addCount() {
            this.count ++
        }
    }))

    return <>
        <div>{counter.count}</div>
        <button onClick={() => counter.addCount()}>add</button>
    </>
})
```

对于函数组件而言，useLocalObservable 只是一个自定义 Hooks，它返回一个可观察对象。

有多种方式让组件在渲染阶段使用可观察对象，它们有一个共同点，即组件必须具备观察能力，否则当渲染期间访问的 Observable 状态和计算值发生变化时，组件不会重新渲染。

2. 让组件具备观察能力

observer 是让组件具备观察能力最常见的方式。这里介绍另一种让组件具备观察能力的方式，即 Observer 组件，用法如下。

```
import { Observer } from 'mobx-react'

class ObservableDemo extends React.Component<{},{}> {
    render() {
        return (
        <>
            <div>{toDoList.searchStatus || '-'}</div>  {/** A 行 */}
            <Observer>
            {() => <div>{toDoList.searchStatus || '-'}</div>} {/** B 行 */}
            </Observer>
        </>
        )
    }
}
```

Observer 组件会创建一个匿名的观察区域，在上述代码中，如果 toDoList.searchStatus 的值发生变化，B 行会重新渲染，但是 A 行不会重新渲染。

> 📖注意　当 observer 需要和其他装饰器或高阶组件一起使用时，请确保 observer 是最先调用的，否则它可能不会工作。

1.7　MongoDB

MongoDB 是一个开源、跨平台、面向文档的 NoSQL 数据库，它的核心概念有 Database、Collection 和 Document，图 1-5 概括了这三者之间的关系。

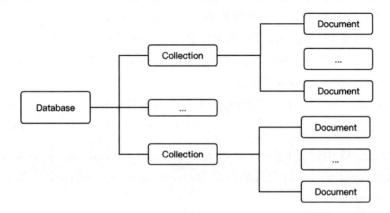

图 1-5　Database、Collection 和 Document 之间的关系

1.7.1 安装 MongoDB

MongoDB 分为社区版和企业版，本小节介绍在 macOS 上安装 MongoDB 5.0 社区版，此版本支持 macOS 10.14 或更高版本。访问 https://www.mongodb.com/docs/manual/installation/ 可查看 MongoDB 在其他操作系统上的安装教程。

1. 前期准备

在终端运行下面的命令安装 Xcode 命令行工具，如果已完成安装那么可跳过此步。运行 xcode-select -v 检查安装的版本。

```
xcode-select --install
```

在终端运行下面的命令安装 Homebrew，如果已完成安装可跳过此步。运行 brew -v 检查安装的版本。

```
/bin/bash -c "$(curl -fsSL https://raw.githubusercontent.com/Homebrew/install/
    HEAD/install.sh)"
```

2. 安装 MongoDB 5.0 社区版

运行下面的命令安装为 MongoDB 定制的 Homebrew tap。

```
 brew tap mongodb/brew
```

在终端运行 brew tap 确定 mongodb/brew 是否安装成功。

运行下面的命令更新 brew。

```
brew update
```

运行下面的命令安装 MongoDB。

```
brew install mongodb-community@5.0
```

如果一切顺利，那么 mongod、mongos 和 mongosh 会一并安装到系统中。mongod 是 MongoDB 主要的守护进程，它处理数据请求，管理数据访问，并执行后台管理操作。mongos 是一个分片集群，mongos 实例提供了客户端应用程序和分片集群之间的接口，它将查询和写操作路由到分片上。从应用程序的角度来看，mongos 实例的行为与其他 MongoDB 实例相同。mongosh 是 MongoDB Shell。

运行下面的命令可查看 brew 将 MongoDB 的配置文件、日志和数据文件安装在何处。

```
brew --prefix
```

在笔者的 macOS 中运行上面的命令得到的结果为 /usr/local。因此配置文件保存在 /usr/local/etc/mongod.conf 中，日志文件的目录为 /usr/local/var/log/mongodb，数据文件的目录为 /usr/local/var/mongodb。

3. 运行 MongoDB 5.0 社区版

在 macOS 终端执行下面的命令，将 MongoDB（即 mongod 进程）作为一个 macOS 服务运行。

```
brew services start mongodb-community@5.0
```

运行下面的命令验证 MongoDB 是否正在运行。

```
brew services list
```

运行下面的命令停止运行 MongoDB。

```
brew services stop mongodb-community@5.0
```

4. 连接 MongoDB

按照前面的步骤操作之后，MongoDB 实例将运行在本地主机上，默认端口为 27017。在终端运行不带任何参数的 mongosh 命令便能连接到在本地主机 27017 端口运行的 MongoDB 实例。

```
// 这两个命令效果相同
mongosh

mongosh "mongodb://localhost:27017"
```

上述命令会连接到 test 数据库，它是 MongoDB 默认的数据库，执行下面的命令能连接到特定的数据库。

```
mongosh "mongodb://localhost:27017/db1"
```

访问 https://www.mongodb.com/docs/mongodb-shell/connect/ 查看 mongosh 连接 MongoDB 实例的详情。

1.7.2　数据建模

在设计数据模型时，要始终考虑应用程序如何使用数据，比如 student 的数据模型如表 1-1 所示。

表 1-1　student 的数据模型

字　　段	描　　述
_id	唯一标识
name	姓名
grade	年级
address	住址。包含省、市、区和详细地址四个字段
contact	紧急联系人。包含姓名、电话两个字段

表 1-1 所示的数据模型常被称为非规范化模型，因为 address 和 contact 有内嵌的子 document。要将表 1-1 所示的数据模型改成规范化模型，需做表 1-2～表 1-4 所示修改。

表 1-2　student 的数据模型

字　段	描　述
_id	唯一标识
name	姓名
grade	年级
address_id	地址 ID，引用 address 集合的唯一标识
contact_id	紧急联系人 ID，引用 contact 集合的唯一标识

表 1-3　address 的数据模型

字　段	描　述
_id	地址的唯一标识，对应 student 中的 address_id
province	省份
city	城市
area	区
detail	详细地址

表 1-4　contact 的数据模型

字　段	描　述
_id	联系人的唯一标识，对应 student 的 contact_id
name	姓名
tel	电话

为了将 student 的数据模型修改成规范化模型，需将 contact 和 address 存储到单独的集合中，然后在 student 中引用 contact 和 address 的唯一标识。

规范化数据模型消除了冗余，存储数据需要的空间更少，而且"规范化"数据模型更利于保证数据的一致性。它的缺点在于关联查询较慢，一些查询需要在数据库中执行多次查找。比如现在要查询某学生的年级、家庭住址和紧急联系人，那么对于规范化模型而言，需要执行 3 次查询才能得到这些数据。对于表 1-1 所示的非规范化模型而言，只需要查询一次即可。

如果在应用程序中某些数据总是需要一起被查询，那么最好将这些数据放在同一个 document 中，这样只查询一次就能找到需要的全部数据。非规范化数据模型一般可以优化读取的性能，MongoDB 很少会使用数据库的关联查询，嵌套式设计能减少客户端与数据库之间的调用次数（网络 I/O）。此外，使用嵌套式设计还能保证写入数据的原子性（要么完全成功，要么完全失败）。

1. 非规范化数据模型

表 1-1 描述的非规范化数据模型又称嵌入式数据模型，在 MongoDB 中可以将相关数据嵌入到一个结构中。嵌入式数据模型允许应用程序在同一个数据库记录中存储相关信息。因此，应用程序可能只需发出较少的查询和更新来完成常见的操作。如下这些情况推荐使用嵌入式数据模型。

- ❑ 实体之间是一对一的关系。比如一个学生只能有一个班级。
- ❑ 实体之间是一对多的关系。比如一个学生有多个紧急联系人。

    一般来说，嵌入式数据模型为读取操作提供了更好的性能，但它存在如下限制。
- ❑ 单个 document 的大小不能超过 16MB。
- ❑ document 的嵌套不能超过 100 级。

2. 规范化数据模型

规范化数据模型引用 document 之间的唯一标识来描述关系，如表 1-1～表 1-4 所示。与非规范化数据模型相比，规范化数据模型读取性能更差，但它能减少数据冗余，节约存储空间，保证数据的一致性。如下情况推荐使用规范化数据模型。

- ❑ 嵌入式数据不能提供足够的读取性能来抵消重复数据的影响。
- ❑ 实体之间是多对多的关系。
- ❑ 实体之间嵌套层级不受限制，比如某论坛的评论列表。

1.7.3　模式验证

MongoDB 为更新和插入操作提供了模式验证，如果更新和插入 document 时不满足验证规则，那么操作会失败。验证规则是基于每一个集合的，在新建集合时指定验证规则，需使用带有 validator 的 db.createCollection()。给已经存在的集合指定验证规则，需使用带有 validator 的 collMod 命令。执行 collMod 命令的代码如下。

```
db.runCommand({
    collMod: "students", // 这里是集合名
    validator: {
        // 在这里写验证规则
    }
})
```

1. 用 JSON Schema 验证

从 MongoDB 3.6 起，MongoDB 支持使用 JSON Schema 指定验证规则。为了指定 JSON Schema 验证，需要在 validator 中使用 $jsonSchema 操作符，如代码清单 1-3 所示。

代码清单 1-3

```
db.createCollection("students",{
    validator: {
        $jsonSchema:{
            bsonType: "object",
            required: [ "name", "grade"],
            properties: {
                name: {
                    bsonType: "string",
                    description: "name 字段必须是字符串，并且必填"
                },
                grade: {
                    bsonType: "int",
                    minimum: 1,
                    maximum: 6,
                    description: "grade 字段必须是 1 到 6 的整数，并且必填"
                }
            }
        }
    }
})
```

上述验证规则要求 students 集合中的每一个 document 必须有 name 字段和 grade 字段，且 name 字段是字符串，grade 字段是 1 到 6 的整数。

> **注意** MongoDB 支持第 4 版的 JSON Schema，访问 http://json-schema.org/ 可查看 JSON Schema 的更多细节。

在代码清单 1-3 的 JSON Schema 中出现了 bsonType，它用于限制实体的数据类型。每个 bsonType 都有整数和字符串两种表示，如表 1-5 所示。

表 1-5 bsonType

数据类型	整 数	字符串	备 注
Double	1	double	
String	2	string	
Object	3	object	
Array	4	array	
Binary data	5	binData	
ObjectId	7	objectId	长度为 12 字节，很可能是唯一且有序的值
Boolean	8	bool	
Date	9	date	64 位的整数，表示自 1970-1-1 开始计算的毫秒数
Null	10	null	
Regular Expression	11	regex	

（续）

数据类型	整　数	字符串	备　注
JavaScript	13	javascript	
32-bit integer	16	int	
Timestamp	17	timestamp	8 字节
64-bit integer	18	long	
Min key	−1	minKey	
Max key	127	maxKey	

在 MongoDB 中，每个 document 都需要一个唯一的 _id 字段并将其作为一个主键。如果插入的 document 省略了 _id 字段，那么 MongoDB 会自动生成一个 ObjectId 类型的 _id 字段。

2. 用查询操作符验证

除了使用 $jsonSchema 指定 JSON Schema 验证外，MongoDB 还支持使用查询操作符进行验证，但不能使用如下查询操作符：$near、$nearSphere、$text、$where、$function、$expr。

使用查询表达式指定验证规则的示例如下。

```
db.createCollection( "students",
    { validator: { $and:
        [
            { name: { $type: "string" } },
            { grade: { $in: [ 1, 2, 3, 4, 5, 6 ] } }
        ]
    }
} )
```

$type 可能的取值如表 1-5 所示。访问 https://www.mongodb.com/docs/manual/reference/operator/query/#std-label-query-selectors 查看全部查询操作符。

1.8　Mongoose

Mongoose（https://mongoosejs.com）是 Node.js 环境下对 MongoDB 进行便捷操作的对象模型工具，它将用到的数据表示为 JavaScript 对象，然后将它们映射到底层数据库，开发人员不必转换自己的思维方式，可以沿用 JavaScript 对象的思维去访问数据库中的数据。

这里安装 6.3.2 版本的 Mongoose。在使用 Mongoose 之前请确保已成功安装 MongoDB 和 Node.js。本节从一个 Demo 快速开始介绍 Mongoose，而后介绍它的核心概念，比如连接数据库、Schemas、Models、验证器和中间件。

1.8.1 快速开始

这个 Demo 要实现的功能是往 school 数据库的 teacher 集合中新增一条数据，然后查询出 6 年级所有的老师，并且将他们的工资在原来的基础上加 1000 元。

1. 连接数据库

连接在本地主机 27017 端口运行的 MongoDB 实例，代码如下。

```
import mongoose from 'mongoose'

async function connect() {
    await mongoose.connect('mongodb://localhost:27017/school')
}

connect().catch((err) => {
    console.log(' 连接失败 ',err)
})
```

如果不存在名为 school 的数据库，那么该数据库将自动创建。

2. 创建 Schema

Schema 最终映射到 MongoDB 的集合上，它定义了集合中每个 document 的形状。示例代码如下。

```
const teacherSchema = new mongoose.Schema({
    name: String,
    grade: Number,
    salary: Number
});
```

teacherSchema 用于描述 teacher 集合中每条数据的形状，默认情况下，Mongoose 会给 Schema 添加一个 _id 属性，_id 属性是 document 的唯一标识符。

3. 创建 Model

Model 是一个类，它是 document 的子类，Model 实例是 Mongoose 的 document，Mongoose 的 document 与 MongoDB 存储的 document 对应。创建 Model 的示例代码如下。

```
const Teacher = mongoose.model('teacher', teacherSchema);
```

如果数据库中不存在一个名为 teachers 的集合，那么 teachers 集合将自动创建，如果需要自定义集合的名称，可在 mongoose.model 方法的第三个参数中指定集合的名称。

4. 实例化 Model

使用上一步创建的 Model 实例化一个具体的 document。

```
const heyu = new Teacher({
    name: 'heyu',
```

```
    grade: 6,
    salary: '1000'
})
```

5. 将 Mongoose 的 document 保存到数据库

调用 document 自带的 save 方法将它保存到数据库中，代码如下。

```
await heyu.save();
```

6. 查询符合条件的 documents

具体实现代码如下。

```
Teacher.find({ grade: 6 }, (err: mongoose.CallbackError, result: ITeacher) => {
    console.log(result)
});
```

7. 更新 documents

将 6 年级所有老师的工资在原来的基础上加 1000。

```
Teacher.updateMany({ grade: 6 }, {$inc: {salary: 1000}}).exec()
```

updateMany 方法的第二个参数可以使用 MongoDB 支持的更新操作符。

1.8.2　连接数据库

调用 mongoose.connect 可以让 Mongoose 与数据库实例建立连接，它有以下 3 种用法。

```
function connect(uri: string, options: ConnectOptions, callback:
    CallbackWithoutResult): void;
function connect(uri: string, callback: CallbackWithoutResult): void;
function connect(uri: string, options?: ConnectOptions): Promise<Mongoose>;
```

由于 Mongoose 在内部默认会缓冲 document 的调用，所以在连接数据库之前调用 document 上的方法不会抛出任何错误，也就是说下面的代码能成功运行。

```
const Teacher = mongoose.model('teacher', teacherSchema);
const heyu = new Teacher({
    name: 'heyu',
    grade: 6,
    salary: 1000
})
// 操作会被挂起，直到 Mongoose 建立起与 MongoDB 的连接
heyu.save()

setTimeout(() => {
    connect()
}, 6000);
```

1. options

调用 mongoose.connect() 时给它传递 options 参数能修改连接数据库时的默认行为。以下是一些常用的配置项（访问 https://mongodb.github.io/node-mongodb-native/4.2/interfaces/MongoClientOptions.html 可查看全部配置项）。

- ❑ bufferCommands：接受布尔值，默认值为 true，当设置为 false 时将关闭 Mongoose 的缓冲机制。
- ❑ user/pass：用于身份验证的用户名和密码。
- ❑ autoIndex：接受布尔值，默认值为 true，当设置为 false 时 Mongoose 不会自动构建在 Schema 中定义的索引。由于建立索引会导致性能下降，所以在大型的生产环境一般不适合建立索引。
- ❑ dbName：指定要连接的数据库，这里的值将覆盖连接字符串中指定的数据库。

2. 错误处理

Mongoose 在与数据库建立连接期间发生的错误可分为如下两类。

1）**初始连接时发生错误**。此时 Mongoose 将触发 error 事件，mongoose.connect() 返回一个 rejected 的 promise 对象，Mongoose 不会自动重新连接。应该用 .catch() 或 try/catch 处理这类错误，代码如下。

```
mongoose.connect('mongodb://localhost:27017/school').
    catch(error => handleError(error));
```

或者用如下代码处理错误。

```
try {
    await mongoose.connect('mongodb://localhost:27017/school');
} catch (error) {
    handleError(error);
}
```

2）**初始连接建立后发生错误**。此时 Mongoose 将触发 error 事件，并尝试重新连接。应该监听 error 事件来处理这类错误，代码如下。

```
mongoose.connection.on('error', error => {
    handleError(error);
});
```

3. Connection 的事件

Connection 继承自 Node.js 的 EventEmitter，常用事件如下。

- ❑ connecting：当 Mongoose 开始与 MongoDB 建立初始连接时触发。
- ❑ connected：当 Mongoose 与 MongoDB 成功建立初始连接时，或者当 Mongoose 与 MongoDB 断开连接又重新建立连接时触发，也就是说这个事件可能会触发多次。
- ❑ disconnecting：当调用 connection.close 并断开与 MongoDB 的连接时触发。

❑ disconnected：当 Mongoose 失去了与 MongoDB 的连接时触发。

❑ close ：调用 connection.close 并成功断开与 MongoDB 的连接时触发，另外调用 disconnected 和 close 事件也会触发。

❑ reconnected：Mongoose 失去了与 MongoDB 的连接并成功重新连接时触发。

❑ error：Mongoose 与 MongoDB 建立连接发生错误时触发。

4. 建立多个连接

至此已经将 Mongoose 的默认连接设置为 MongoDB，此时调用的方法是 mongoose. connect，使用 mongoose.connection 能访问默认连接。如果你有多个数据库或者多个 MongoDB 集群，那么你需要建立多个与 MongoDB 的连接，此时用到的方法是 mongoose. createConnection，此方法可接收与 mongoose.connect 相同的参数并返回此次建立的连接。建立多个连接的示例代码如下。

1）使用 mongoose.createConnection 建立连接。

```
import mongoose from 'mongoose'
import teacherSchema from './teacherSchema.js'

const conn = mongoose.createConnection('mongodb://localhost:27017/heyu');
// 这里用 conn.model 代替 mongoose.model
conn.model('teacher', teacherSchema)
// 导出连接
export default conn
```

Model 在不同的数据库连接间不能共用，但是 Schema 可以共用。

2）实例化 Model，并将创建的 document 保存到数据库。

```
import heyuConnection from './heyuConnection.js'

await new heyuConnection.models['teacher']({
    name: '张三',
    grade: 2,
    salary: 1000
}).save()
```

heyuConnection.models 中保存了所有添加到此连接的 Model，与 Model 相关的操作必须访问由 mongoose.createConnection 返回的连接。

1.8.3　Schema

Schema 是 Mongoose 的核心概念之一，它映射到 MongoDB 的集合上，定义了该集合中每个 document 的形状。Schema 不仅定义 document 的属性，还定义 document 的实例方法、静态方法、中间件和复合索引。

1. 配置 Schema 的属性

在 Mongoose 中，配置 Schema 的属性有一个专门的术语——SchemaType，它是一个对象，用于配置给定属性应该是什么类型，哪些值对该属性是合法的。

（1）type 字段

创建 Schema 时至少要指定属性的数据类型，此时 SchemaType 用到的字段是 type，type 的可能取值有 String、Number、Date、Buffer、Boolean、Mixed、ObjectId、Array、Decimal128、Map、Schema。如果只在 SchemaType 中使用 type 字段，那么等于直接在属性后跟类型。示例代码如下。

```
new Schema({
    name: String, // 等于 name: {type: String}
    updated: Date,
    age: Number,
    binary: Buffer,
    mixed: Schema.Types.Mixed,
    _myId: Schema.Types.ObjectId,
    map: Map,
    isNew: Boolean,
    BooleanArr: [Boolean],
    address: {
        city: String,
        area: String,
    },
    subSchema: teacherSchema
})
```

（2）定义索引

使用 SchemaType 定义 MongoDB 索引，可用的字段如下。

❑ index：布尔值。是否在这个属性上定义一个索引。

❑ unique：布尔值。是否在这个属性上定义一个唯一的索引。

❑ sparse：布尔值。是否在这个属性上定义一个稀疏索引。

相关代码如下。

```
new Schema({
    name: {
        type: String,
        index: true,
        unique: true
    }
})
```

（3）验证器

验证器是中间件，Mongoose 默认将验证器注册到 Schema 的 pre('save')hook 上。验证器是异步递归执行的，当在 document 上调用 save() 时，子 document 的验证器也会执行。除了能使用自定义的验证器，还能使用内置的验证器。不同的数据类型支持的内置验证器不同，required 验证器对所有类型都支持。Number 类型还支持 min、max 和 enum 验证器；String 类型还支持 match、enum、minLength 和 maxLength 验证器。这里主要介绍自定义验证器。

自定义验证器通过给 validate.validator 传递一个函数来声明，代码如下。

```
new Schema({
    age: {
        type: Number,
        validate: {
            validator: (v: number) => {
                return v % 4 === 0
            },
            message: 'age 不能被 4 整除 '
        }
    },
    email: {
        type: String,
        validate: {
            validator: (v: string) => Promise.resolve(false),
            message: 'email 验证失败 '
        }
    }
})
```

自定义验证器可以是同步的，也可以是异步的。如果验证器返回一个 promise 对象，那么 mongoose 将等待该 promise 变成 settled。如果 promise 的状态是 rejected 或者 false，那么 Mongoose 将认为没有通过验证。

2. 实例方法

实例方法指的是 document 的实例方法，document 有很多内置的实例方法，比如 save、find 和 update，访问 https://mongoosejs.com/docs/api/document.html#document_Document-overwrite 可查看它的全部实例方法。这里介绍如何给 document 添加自定义实例方法，代码如下。

```
const teacherSchema = new mongoose.Schema<ITeacher>({
    name: String,
    grade: Number,
    salary: Number
});

teacherSchema.methods.findSimilarGrade = async function() {
    // 这里的 this 是 document
    return await this.db.models['teacher'].find({grade: this.grade})
}
```

document 的实例方法定义在 Schema 的 methods 字段上，由于箭头函数没有自己的 this，所以不要用箭头函数定义实例方法。调用实例方法的代码如下。

```
const doc = new heyuConnection.models['teacher']({
    name,
    grade,
    salary
})
const res = await  doc.findSimilarGrade()
```

 提示 这里复用了 1.8.2 节建立的多个连接的代码。

3. 静态方法

静态方法指的是 Model 的静态方法，添加静态方法有两种方式，具体如下。

```
// 静态方法中的 this 是 Model
teacherSchema.statics.findSimilarGrade = async function(grade: number) {
    return await this.find({grade})
}

teacherSchema.static('findSimilarGrade', async function(grade: number) {
    return await this.find({grade})
})
```

上述两种定义静态方法的方式是等效的，同样由于箭头函数没有自己的 this，所以不要使用箭头函数定义静态方法。调用静态方法的代码如下。

```
const res = await heyuConnection.models['teacher'].findSimilarGrade(grade)
```

需求分析篇

Chapter 2 第 2 章

业务场景的需求分析

低代码是一种软件开发方法，通过该方法构建应用程序几乎不需要编码。低代码的主要目标是减少手工编码（即从头开始编写代码）的数量，并增加代码复用的数量。市面上低代码平台众多，从适用场景来看，有不同的侧重点，有些面向 C 端的营销业务，有些面向 B 端的中后台应用，有些甚至面向更细分的领域，编码之前先分析需求，以了解这是一个什么样的低代码平台。本书开发的低代码平台被称为 vitis，后续内容将用此简称。

业务场景是指低代码平台生成的应用的适用范围，本书介绍的低代码平台可面向中后台应用快速产出列表页、详情页和表单页。与设计创新性相比，中后台应用更看重交互的统一性，在开发之前需要设计师做一套标准化的规范，包括样式规范和交互规范，低代码平台产出的应用要符合设计师的规范。本章从布局和交互两方面对列表页、详情页和表单页进行需求分析。

2.1 列表页的需求分析

列表页的主体是一个 Table，它用于展示查询到的数据，其他操作都围绕着这个 Table 进行。总体而言，列表页分为搜索、Table 主体和按钮几个部分，图 2-1 描述了列表页的布局。

图 2-1 将列表页分为 6 个区域，下面分别介绍这 6 个区域要实现的功能。

❑ 区域 1：该区域显示页面的标题或者面包屑，属于静态内容。

❑ 区域 2：该区域放置彼此独立的按钮，单击这些按钮执行文件上传 / 下载、页面跳转等操作，在按钮上绑定弹窗可实现简单的表单编辑功能，如果涉及的字段较多，那么要跳转到单独的表单页。

❑ 区域 3：该区域是彼此独立的搜索项，搜索项有单行输入框、下拉框、级联选择器、时间选择器和时间范围选择器等，其中下拉框、级联选择器支持静态数据和动态数据。单行输入框支持按 Enter 键触发搜索，其他搜索项在值发生改变时触发搜索。

❑ 区域 4：该区域还是与列表搜索相关，它将状态平铺开，显示每个状态的数量，支持静态数据和动态数据，还支持根据状态来搜索数据。

❑ 区域 5：该区域显示查询到的数据，这是列表页的主体，Table 的第一列支持勾选，表头字段支持排序。

❑ 区域 6：该区域可以操作单行数据，比如删除本行，跳转到详情页或者进行简单的弹窗操作。

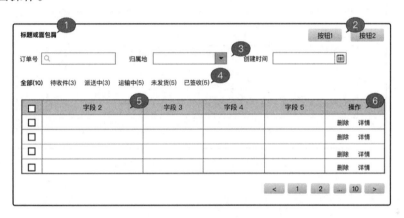

图 2-1　列表页的布局

2.2　详情页的需求分析

列表页用于展示关键信息，详情页用于展示数据的全部信息，由于详情页要展示的字段较多，为了增加页面的利用率，每一行需显示多个字段。图 2-2 描述了详情页的布局。

图 2-2 所示将详情页分为 4 个区域，下面分别介绍这 4 个区域要实现的功能。

❑ 区域 1：该区域的功能较为固定，通常用于显示页面的标题或者面包屑，总体而言，这里展示静态内容。

❑ 区域 2：该区域设置彼此独立的按钮，可进行文件上传/下载、页面跳转等操作，在这些按钮上绑定弹窗可实现简单的表单编辑功能，如果涉及的字段较多，那么要跳转到单独的表单页。

❑ 区域 3：该区域用于展示详细数据的各个字段，这些字段通常来自后端接口。详情页可能存在多个区域 3，在布局上它支持一行一列、一行二列，最多支持一行四列，能显示默认样式和自定义样式的文本。

❑ 区域 4：这个区域是 Table，Table 中的每一行可单独操作，比如进行删除或简单的
弹窗操作等。Table 中展示的数据能单独从后端接口获取，也能与区域 3 展示的数
据来自同一个后端接口。详情页可能存在多个区域 4，区域 4 不一定位于区域 3 的
下方。

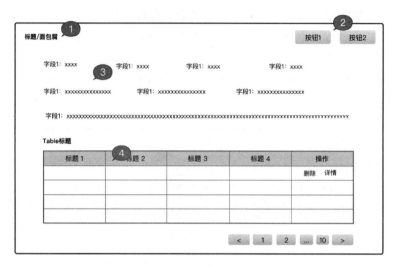

图 2-2　详情的布局

2.3　表单页的需求分析

表单页用于编辑数据，必须提供新增和更新数据的能力，页面中的表单控件多为单行
输入框、多行输入框、单选框、多选框、下拉选择器、时间选择器和按钮等，其中单选框、
多选框和下拉选择器的备选项支持静态数据和动态数据。另外，页面中的控件必须具备联
动和数据校验的能力。图 2-3 描述了表单页的布局。

图 2-3 将表单页分为 3 个区域，下面分别介绍这 3 个区域要实现的功能。

❑ 区域 1：该区域的功能较为固定，通常用于显示页面的标题或者面包屑，总体而言，
这里展示静态内容。

❑ 区域 2：该区域放置彼此独立的按钮，通常是提交和重置按钮，某些时候也可能是
实现其他功能的按钮。如果是提交按钮，那么先校验表单中的数据是否符合要求，
校验通过再提交；如果是重置按钮，会将表单中的数据重置为初始值。

❑ 区域 3：该区域用于展示表单控件，表单控件通常有显 / 隐、禁用和值联动等属性，
在布局上支持一行一列、一行二列，最多支持一行四列。如果要更新已有数据，则
先回填数据，再进行编辑。

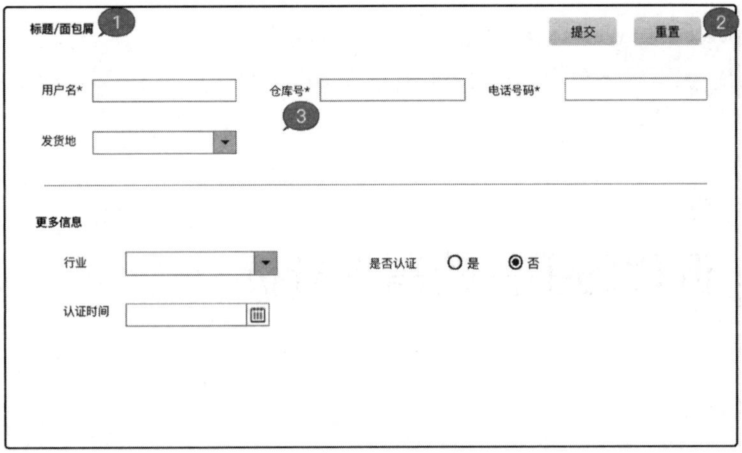

图 2-3 表单页的布局

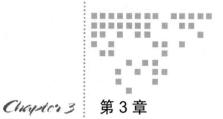

Chapter 3 第 3 章

低代码平台的需求分析

vitis 的核心部件是可视化设计器，除此之外还包含用户管理、组件市场和应用管理等。在分析具体模块的需求之前，要先对 vitis 的生产流程有一个基本的认知。低代码生产与消费流程如图 3-1 所示。

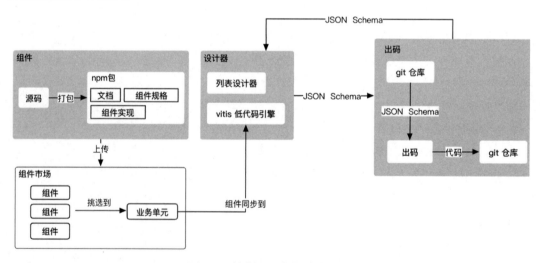

图 3-1　低代码生产与消费流程

图 3-1 展示的 3 个由灰色背景填充的区块是 vitis 的重点部分。

❑ 组件：低代码使用者用来设计应用的原料，业务方可开发符合业务需求的组件，开发完成上传到组件市场。

❑ 设计器：低代码使用者用它去设计应用，它的产出物是 JSON Schema。

❑ 出码：将设计器输出的 JSON Schema 转化成源码。

3.1　用户管理

vitis 将用户分为管理员和普通用户两种，它根据权限判断用户能执行的操作，管理员可对普通用户进行增、删、改、查等操作。用户管理模块有 3 个页面，分别是用户列表页、新增用户页和编辑用户页。

1. 用户列表页

用户列表页用来展示全部用户。图 3-2 展示了用户列表页的布局和功能。

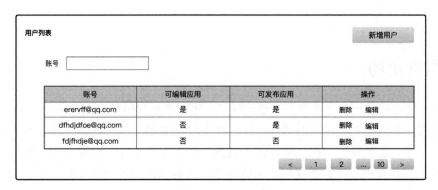

图 3-2　用户列表页

2. 新增用户页

管理员进行新增用户操作时可填写用户的账号、密码和权限。图 3-3 展示了新增用户页的布局和功能。

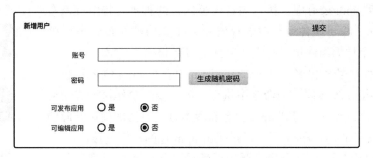

图 3-3　新增用户页

图 3-3 所示的"可编辑应用"是指能使用可视化编辑器新增或修改应用，"可发布应用"是指能将应用发布到线上。

3. 编辑用户页

管理员在编辑用户页时可修改已有用户的权限和密码。图 3-4 展示了编辑用户页的布局和功能。

图 3-4 编辑用户页

3.2 组件市场

组件是可复用单元，其丰富度在很大程度上决定了低代码平台能产生的应用的丰富度。vitis 将内置一套前端领域通用的基础组件，其中包含按钮、Table、纯文本、输入框、下拉框、单选框和多选框等。为提高组件的丰富度，vitis 支持各方开发者自行开发组件并上传到组件市场。vitis 用户除了能使用内置的组件，还能使用组件市场中的组件。图 3-5 所示为开发组件并将组件上传到组件市场的流程。

开发组件并将组件上传到 vitis 组件市场需经历如下 5 步。

1）创建项目：开发者用脚手架下载符合 vitis 组件规范的目录结构。

2）编码：开发者基于项目模板实现组件的功能，编写 Demo 和 API 文档。

3）发布到 npm 公有库：执行项目模板内置的脚本，将组件发布到 npm 公有库。除了组件运行时的代码和 API 文档被发布到 npm 公有库，还有一个称为组件规格的文件也被发布到 npm 公有库。

4）获取版本号和包名：从 package.json 中获得 npm 包名和版本号，第 4 步和第 3 步在同一个命令中执行，第 3 步的动作执行成功后立即执行第 4 步的动作。得到 npm 包名和版本号之后便能使用开源的 CDN 解决方案（如 jsDelivr）了，以拼接出 npm 包的访问链接。

5）将组件上传到组件市场：调用后端接口将第 4 步得到的 npm 包名和版本号保存到数据库。

图 3-5 开发组件并上传到组件市场

同一个 npm 包可能存在多个版本，新版本不影响历史版本。开发者手写代码时，安装 npm 包可自行选择要使用的版本。组件市场会沿用这套规则。组件市场有一个用于展示全部组件的列表，每个组件都有详情页去展示各版本的 Demo 和 API。vitis 用户可以在此页面挑选特定版本的组件。图 3-6 展示了组件市场列表页的布局。

图 3-6　组件市场列表页

用户在组件详情页可查看特定版本的 Demo 和 API，也可将某版本的组件添加到自己的业务单元供可视化编辑器使用。图 3-7 展示了该页面的布局。

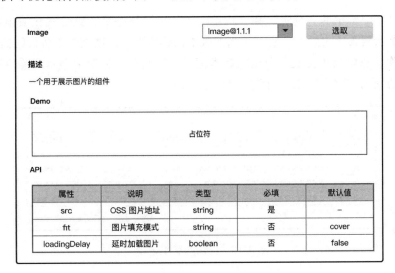

图 3-7　组件详情

3.3　应用管理

第 2 章提到的业务场景，比如列表页、详情页和表单页，它们是 vitis 的产物，页面在运行时相互独立，一个页面就是一个应用。为了方便管理，vitis 引入业务单元（BU）这一概念，应用归属于业务单元，vitis 用户从组件市场挑选组件时，将组件添加到业务单元而非应用。图 3-8 展示了 vitis、业务单元与应用之间的关系。

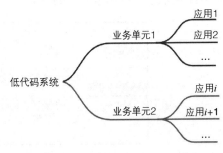

图 3-8　vitis、业务单元与应用之间的关系

vitis 用户在系统中创建业务单元，再在业务单元下创建应用，图 3-9 展示了业务单元与应用管理的布局。

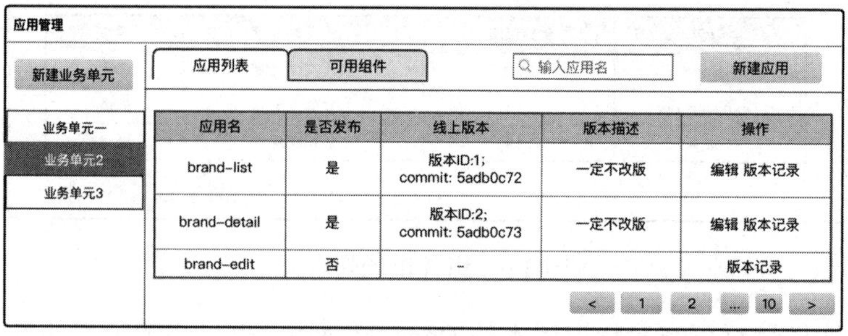

图 3-9　业务单元与应用管理的布局

单击图 3-9 中所示的"编辑"和"新建应用"按钮都将跳转到可视化编辑器。"编辑"后的新版本不会覆盖历史版本，它基于当前版本创建新版本，这类似于将代码提交到 Git 仓库，当前提交不影响历史提交。单击"版本记录"按钮会在弹窗中显示当前应用的全部版本。图 3-10 展示了版本记录弹窗中包含的功能。

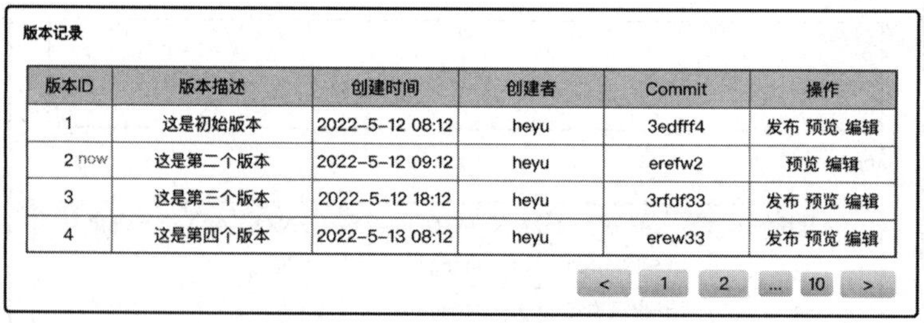

图 3-10　应用的版本记录

应用可能存在多个版本，特定版本一经创建便不可修改，用户只能基于它创建新的版本。每个版本都能预览，每个版本都能发布到线上。

单击图 3-9 中所示的"可用组件"部件可展示从组件市场添加到本业务单元的组件。图 3-11 展示了"可用组件"的布局。

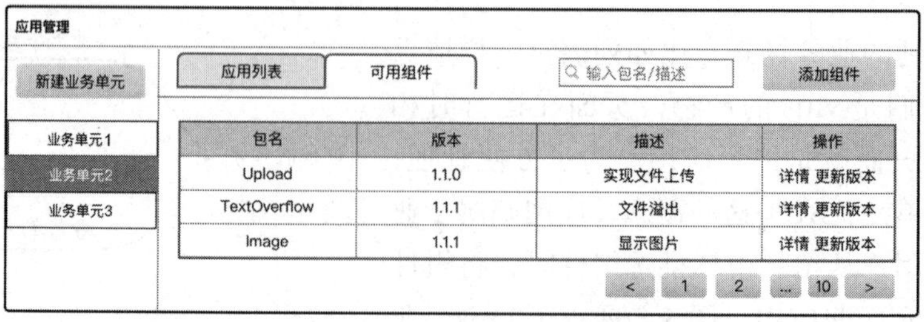

图 3-11　业务单元的可用组件

组件被添加到业务单元之后能更新组件的版本，这不会影响应用的历史版本使用的组件，但会影响应用新版本使用的组件。比如，应用 A 存在 1 和 2 两个版本，1 和 2 使用了 1.0.1 版的 Upload 组件，现在将 Upload 更新到 1.1.0，此更新操作不影响版本 1 和 2 中使用的 Upload。但是，如果基于 1 或 2 新建版本 3，那么版本 3 将使用升级之后的 Upload。

当内置组件有新版发布时，内置组件会自动升级，与用户手动添加的组件一样，升级内置组件不影响应用的历史版本。

3.4　可视化编辑器

可视化编辑器是 vitis 中汇集功能最多的地方。第 2 章分析业务场景的需求时，曾提到列表页、详情页和表单页。从布局来看，列表页与另外两类页面差别较大，因此，vitis 将可视化编辑器分为列表编辑器和详情 / 表单编辑器这两类。组件市场中的组件只能在详情 / 表单编辑器中使用。列表编辑器让用户像填表单一样开发列表页，详情 / 表单编辑器让用户像搭积木一样开发详情页和表单页。

3.4.1　列表编辑器

列表页存在多个区域，这些区域在单独的区块编辑，为了方便理解，建议先回顾一下 2.1 节的内容。图 3-12 显示了列表编辑器的整体布局。

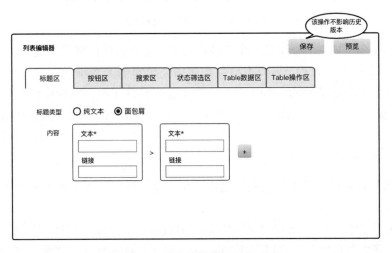

图 3-12　列表编辑器的整体布局

列表编辑器一共有 6 个面板（Tab），"标题区"用于编辑图 2-1 所示的区域 1，"按钮区"用于编辑图 2-1 所示的区域 2，"搜索区"用于编辑图 2-1 所示的区域 3，"状态筛选区"用于编辑图 2-1 所示的区域 4，"Table 数据区"用于编辑图 2-1 所示的区域 5，"Table 操作区"

用于编辑图 2-1 所示的区域 6。

1. 标题区

标题区用来编辑页面的标题，当选中的标题类型为纯文本时，界面将显示一个单行输入框；当选中的标题类型为面包屑时，界面将显示面包屑的文本和链接，此时页面的布局如图 3-12 所示。

2. 按钮区

按钮区用来编辑页面右上角的按钮，"按钮区"的布局如图 3-13 所示。

图 3-13 "按钮区"的布局

列表页右上角可能有多个按钮，配置按钮时必须选择按钮的操作类型，可选的类型有：上传、导出、跳转和自定义。不同类型的按钮需要填写的配置项也不同，图 3-13 所示是当操作类型为导出时需要填写的配置项。接口地址一栏除了能填写固定的文本，还能填写 JavaScript 模板字符串；回调函数一栏支持填写 JavaScript 代码，用来定义导出成功之后要执行的操作。

3. 搜索区

列表页通常具备搜索功能，搜索项也许不止一个，搜索区用来配置搜索项，其布局如图 3-14 所示。

当从服务器请求 Table 要展示的数据时，所有搜索项的字段名都将作为 HTTP 请求的参数，字段名具备解构的能力，可以写成 [param1,param2] 这种格式。搜索项支持的类型有单行输入框、下拉选择器、级联选择器、时间选择器和时间范围选择器等，不同类型的搜索项要填写的配置也不同，图 3-14 显示了当搜索项是下拉选择器时必填的配置。

图 3-14 "搜索区"的布局

4. 状态筛选区

"状态筛选区"编辑的内容也与 Table 数据筛选相关，它与搜索区的搜索项在展示形式上有较大区别，其布局如图 3-15 所示。

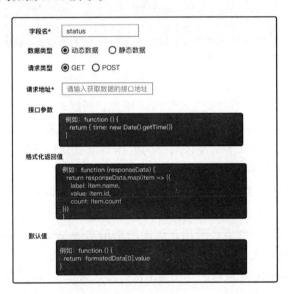

图 3-15 "状态筛选区"的布局

状态筛选支持动态数据和静态数据，两种数据要填写的配置不同。图 3-15 显示了动态数据需填写的配置。

5. Table 数据区

"Table 数据区"用于编辑列表页要展示的数据，图 3-16 展示了它的布局。

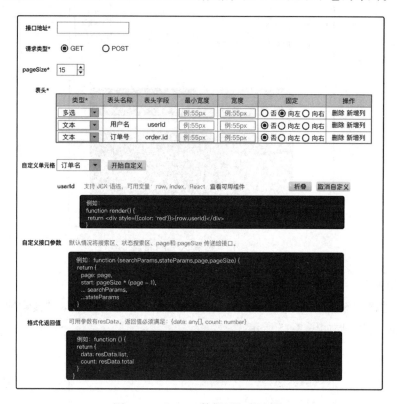

图 3-16 "Table 数据区"的布局

由于 Table 单元格所展示数据的嵌套层级不固定，所以表头字段支持按路径取值，比如可以填写 order.id。定义表头时能选择单元格的类型，可选值有多选和文本这两种类型，如果单元格的类型为文本，那么表头字段对应的数据将以默认样式显示在界面上，此时还支持用 JSX 语法自定义单元格的内容。

Table 要展示的数据通过后端接口从服务端获取，请求接口时的默认行为是收集搜索区和状态搜索区中的参数，将这些参数同 page 和 pageSize 一起传递给后端接口，自定义接口参数可改变这一默认行为。列表页使用开源的网络请求库 axios 发送 HTTP 请求，axios 会将服务器返回的数据放在 AxiosResponse 的 data 字段中，列表页要求 data 字段的数据符合 {data: any[], count: number} 这种格式，如果不符合格式规定，则必须格式化接口的返回值。

6. Table 操作区

Table 展示数据时通常还需要对每一行的数据进行操作，比如，删除该行或者跳转到该行的详情页等。Table 操作区实际上属于自定义 Table 单元格的范畴，为了用户在界面上操作更方便，列表编辑器将 Table 操作区放在一个单独的面板下，其布局如图 3-17 所示。

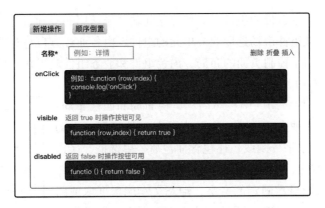

图 3-17　"Table 操作区"的布局

Table 操作区固定在最右侧,该区域有 1 到多个操作按钮,配置按钮时,除了能配置按钮的 click 事件处理程序外,还能动态地判断按钮是否可见,是否禁用。

3.4.2　低代码引擎

与列表编辑器相比,详情 / 表单编辑器更复杂,这源于详情页和表单页比列表页的布局更灵活。在后续的内容中将详情 / 表单编辑器称为低代码引擎。总体而言,在布局上它呈左中右结构,如图 3-18 所示。

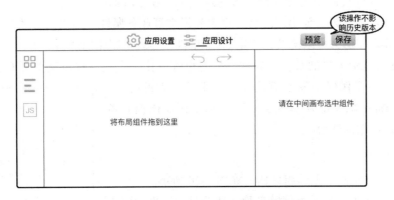

图 3-18　vitis 的低代码引擎的总体布局

图 3-18 最左侧所示的 3 个图标从上往下依次为组件列表、大纲树和生命周期管理。vitis 低代码引擎的交互以拖曳和点击为主,使用者将组件拖到中间的画布上,选中画布上的组件,在右侧属性面板编辑组件的各个属性。此过程操作较多,因此引擎应提供撤销和重做的能力。

1. 组件列表

引擎根据复用粒度和使用方式将组件分为 3 类。

❑ **内置组件**：引擎自带的组件，大部分是前端领域通用的基础组件。

❑ **业务组件**：从组件市场选取业务单元的组件，由各业务方自行开发。

❑ **布局组件**：用于控制页面的布局，内置组件和业务组件放置在布局组件的内部。

组件列表如图 3-19 所示。

布局组件分为一栏布局、两栏布局、三栏布局和四栏布局；图 3-18 中只罗列了 3 种内置组件，实际上内置组件除了包含动态文本、静态文本和水平分割线，还包含面包屑、单选框、多选框、下拉选择器、按钮、Table 等。

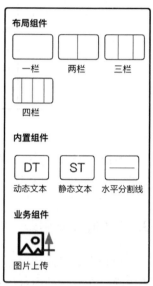

图 3-19　组件列表

❑ 静态文本只能显示固定的文字，动态文本能根据取值路径从页面数据中提取它要显示的文字，页面数据通常来自服务器。

❑ 单选框、多选框和下拉选择器除了有当前选中的值，还有备选项，备选项可能是静态数据也可能是动态数据。

❑ 按钮是一个颗粒度很细的基础组件，在界面上单击按钮是常见的交互。通过按钮能实现上传、下载、跳转甚至更复杂的操作。在 pro-code 领域，给按钮绑定 click 事件最为常见。低代码的目的是提高效率，如果使用者在低代码引擎中需要写大量的代码，那么效率必定下降。为了减少低代码使用者的代码编写量，引擎在设计时会给按钮带上导入、导出、跳转、重置和提交等业务属性。如果内置的业务属性不能满足要求，那么可以给按钮绑定 click 事件以实现定制化的能力。

❑ Table 将显示大量的数据，后端开发者也许会让一个接口提供整个页面所需的全部数据，但低代码引擎不应该限制后端开发者的行为，因此 Table 除了能从页面数据中取值，还应该拥有单独获取数据的能力。

2. 大纲树

大纲树用于展示画布上的组件树，如图 3-20 所示。

大纲树面板除了要显示组件的名称，还要显示组件的版本号，在同一个应用中相同组件的版本必须一样，否则应用不能保存。显示组件的版本号有利于使用者排错。大纲树上的每一个节点都支持选中操作，选中之后能用属性面板编辑各个属性的值。

3. 应用设置

应用设置面板用于配置与应用有关的属性，比如背景、内

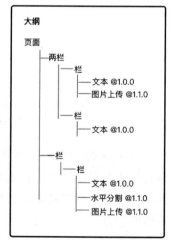

图 3-20　大纲树

外边距以及如何获取页面数据等。图 3-21 展示了应用设置包含的功能。

图 3-21　应用设置

　　现在将思绪转向业务场景：详情页在显示数据之前至少要通过某标识符从服务器获取数据，该标识符通常被称为 ID。在表单页修改数据之前，要先获取原始数据，将原始数据回填在界面上，然后再修改。在浏览器中，页面 URL 是保存标识符绝佳的位置。

　　如图 3-21 所示，页面数据的接口地址为 /path/to/fetchData?id={orderId}&type=1，其中 {orderId} 只是占位符。从低代码平台生成浏览器可运行的代码时，将从页面 URL 的查询字符串中获取 orderId 的值，然后将它赋给参数 id。如果是 GET 请求，那么 id 和 type 参数将拼接在接口地址的后面发送到服务器；如果是 POST 请求，那么 id 和 type 参数将被放在请求体中发送到服务器。

　　浏览器在发送请求时，如果请求地址不是一个完整的路径，而是一个以斜杠（/）开头的路径，那么它将用当前网页的协议、域名和端口补齐请求地址的协议、域名和端口。在前后端协作中，前端开发者不能决定后端服务是否与前端代码部署在同一个域，低代码使用者需根据实际情况确定是否添加完整的网络请求路径。

　　设计应用时，引擎中大部分组件都有按路径取值的能力，取值的根节点默认是服务器返回的数据。返回值的格式如下。

```
interface ResData {
    code: string;
    data: any;
    msg: string;
}
```

code 字段是状态标识，msg 字段是状态标识的描述语，页面要展示的数据保存到 data 字段中。为了取值方便，建议将图 3-21 所示的返回值格式化成 resData.data。

4. 属性面板

在属性面板上可对组件进行属性编辑、事件绑定、数据获取和数据绑定等操作，vitis

引擎识别出组件的 props 以及每个 prop 对应的描述，当用户选中画布上的组件时，属性面板将展示组件的配置项。属性面板总体布局如图 3-22所示。

图 3-22　属性面板总体布局

　　属性面板将组件的配置分为属性、样式、校验和联动这四个维度：属性面板显示的配置项与组件的 props相关，当组件被拖曳到画布时，引擎会为该组件生成一个唯一标识，该标识不可修改；不同组件的样式面板显示的配置项相同，包含字体颜色与大小、内外边距、背景颜色等；校验面板只对表单控件有效，在提交表单时，它校验数据是否合法；联动面板用于配置组件之间的联动关系。

　　校验面板显示的内容如图 3-23 所示。

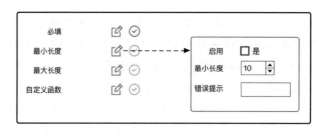

图 3-23　校验面板

　　每个属性可设置多个校验规则，这些规则同时满足才将数据视为合法的。

　　在表单中，组件联动是一个常见功能，它用于描述组件的状态受其他组件的状态影响。vitis 引擎支持的联动类型有显隐、禁用以及组件的值联动。联动面板显示的内容如图 3-24所示。

图 3-24　联动面板

　　图 3-24 展示了当联动类型为显隐联动时，操作面板需显示的内容，不管联动类型是什么，组件不关心它与哪些组件联动，只关心订阅器的返回值。订阅器可使用的变量有formData 和 pageData。formData 是用户在表单中填写的数据，pageData 是在应用设置面板

中配置的应用数据。

　　单选框、多选框和下拉选择器除了能接收用户输入（当前选中的值）外还能接收备选项，备选项可能是静态数据也可能是动态数据。配置下拉选择器的备选项的方法如图 3-25所示。

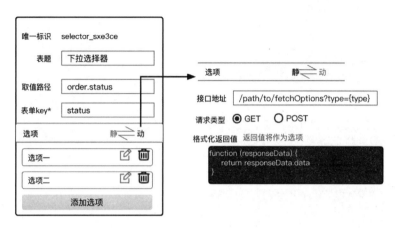

图 3-25　配置下拉选择器的备选项

5. 生命周期

　　生命周期这一概念应用很广泛，可以通俗地将其概括为某对象"从出生到死亡"的整个过程。这里讨论的是网页的生命周期，包含 load、unload、visibilitychange 和 beforeunload，它们与浏览器事件对应。生命周期管理面板如图 3-26 所示。

图 3-26　生命周期管理面板

- ❑ load 被绑定在 window 对象上，在整个页面加载后触发。
- ❑ unload 被绑定在 window 对象上，在卸载页面时触发。
- ❑ visibilitychange 被绑定在 document 对象上，在页面变为可见或隐藏时触发。
- ❑ beforeunload 被绑定在 window 对象上，当页面即将被卸载时触发，此时页面仍然可见，该事件可被取消，通过它可阻止页面被卸载。

实战篇

架构的设计与实现

前文分析了 vitis 的需求，现在正式进入低代码平台开发流程，具体的编码实现将从下一章开始介绍，本章将参考纯代码开发要经历的流程，介绍 vitis 的架构、技术策略和一些基本概念。

4.1　什么是低代码

2019 年，我接触到低代码，并在公司落地了一个低代码工具，当时我对低代码的认知是：写更少的代码实现某个具体的业务需求。先不讨论我的这个观点是否正确，仔细品味会发现，这句话描述了一个动态的过程，在潜意识中还与另一种状态进行了对比。本节将基于我的认知介绍低代码平台的发展，并介绍与低代码相关的另外两个概念——纯代码和无代码。

4.1.1　纯代码、低代码和无代码

虽然低代码和无代码在业界热度很高，但时至本书完稿时，开发项目使用最多的依然是纯代码。纯代码开发是传统的开发方式，它以代码为中心，开发者拿到具体的业务需求时，会下意识地在大脑中思考代码要怎么写，至于代码的执行结果是否符合业务需求，那是后面要考虑的事情。开发者甚至不做最终结果的验收，验收由另外的工作人员去完成。纯代码开发者一个突出特点是，知道代码是如何运行的，但不一定知道软件用户如何使用他们制作的产品。

　　总体来看，纯代码开发不是面向软件的结果，而是面向软件开发的过程，制作软件的人和与软件用户取得联系的人不是同一批人。这导致软件从孵化到最终投向市场需要投入很多承担不同职责的人员，即便实现一个简单的甚至不成型的想法也是如此，这增加了企业的金钱成本和时间成本。对企业而言，低代码和无代码的好处是降低成本，对具备编程能力的程序员而言，低代码和无代码能让他们将精力放在更复杂、更独特的软件开发上。当然，这里说的好处只是理想情况，由于低代码和无代码平台的质量良莠不齐，业界对低代码和无代码的评价出现了两极分化，有的人将其称为毒瘤，有的人将其称为银弹。

　　登录任何两个低代码和无代码平台，简单使用之后就能注意到它们的目标用户不同。如果这是它们唯一的差别，那么低代码和无代码平台最终一定会融合，但实际并非如此。表面看，无代码完全去掉了编写代码的能力，而低代码保留了部分编码能力，这是由于它们底层理念不同导致的。从底层理论上讲，低代码尊重"开发者仍然需要定制"这一事实。定制能力是低代码与无代码在本质上的差异，无代码通常被设计为"一次性"应用程序，具有简单的接口，没有定制化或高级功能。

　　一些低代码平台，总爱宣传自己的产品在开发应用的过程需要编码的地方是多么少，其实，将编码能力视为洪水猛兽，这大可不必，编码有编码的优势，低代码的目的不是可视化，而是高效率。如果将可视化和编码能力结合使用能提升开发效率，即便只在特定条件下提升效率，那也可以纳入低代码平台的能力范围。

　　程序员一直在努力提高组件、函数或者类的复用性，想一想那些 Open API（一般指开放平台）和 npm 包就可以发现这一点，因此，低代码不是对传统的颠覆，而是对传统的延续，即使像 React、Vue 这样的现代框架与需要编写更多代码才能获得相同结果的普通 JavaScript 相比也是一种低代码的形式。

　　使用低代码或无代码平台开发应用的过程不再像使用纯代码开发那样是面向软件开发的过程，而是面向软件结果的过程，开发者不必关注代码如何运行，只需要关注最终将制作一个什么样的软件，这种开发方式称为拖曳即开发或填空即开发。

　　结合前面介绍的内容，归纳纯代码、低代码和无代码的区别，如表 4-1 所示。

表 4-1　纯代码、低代码和无代码的区别

	纯代码	低代码	无代码
定制化能力	很强	能力强弱视平台而定	无
开发者范围	具备较强编程能力的程序员	具备编程能力的程序员；具备编程基础的业务技术人员	业务技术人员
开发软件的复杂度	高	视平台而定，总体来看，低代码平台所开发的软件越复杂，对应的开发效率越低	低
时间周期	长	视平台而定，总体来看，低代码平台所开发的软件越复杂，对应的开发时间越长	短
招聘成本	高	低	低

（续）

	纯代码	低代码	无代码
厂商绑定强弱	无	视平台而定	视平台而定
技术流动性	强	视平台而定	视平台而定
软件治理难度	低	高	高
可伸缩性	易扩展	视平台而定	视平台而定

总体来看，用低代码或无代码平台所开发的软件是好是坏，很大程度上取决于平台。如果选择的平台不尽如人意，那么开发者可能对低代码或无代码恨之入骨；如果选择的平台得当，那么开发者将对低代码或无代码拍手称赞。这也是低代码和无代码既受到肯定也受到质疑的原因。

低代码和无代码既能让软件更快地响应市场变化，也能减轻企业的招聘成本，这两个好处不必多说，这也是企业拥抱低代码或无代码的主要原因之一。在这里解释一下厂商绑定、技术流动性、可伸缩性和软件治理。

❑ **厂商绑定**：尽管手工编码复杂，但它具有灵活性和可扩展性，低代码或无代码平台有可能将开发者绑定在一个有限的生态系统中，当然绑定的强弱取决于所选的平台。

❑ **技术流动性**：如果供应商在设计低代码或无代码平台时没有考虑到技术的流动性，那么当用它们构建的应用程序需要更新或者底层技术需要更改时，情况会很糟糕。

❑ **软件治理**：低代码或无代码能够让更多的人加入软件开发中，从而减少企业的成本，但这会使软件治理变得更复杂。如果广大的开发者，甚至是一些心怀不满的前员工刻意做出未经授权的更改，这可能对软件造成严重的安全威胁。

❑ **可伸缩性**：非手工编写的代码可能不够健壮，无法扩展，如果低代码或无代码平台在开发软件时没有考虑到软件的使用规模，在一些极端情况下（例如双 11），软件投入市场后情况会很糟糕。

4.1.2 低代码的发展

低代码这一概念从 2014 年起开始流行，由著名的电子信息产业分析公司 Forrester 在一篇报告中提出，但低代码的根源可以追溯到 20 世纪 90 年代的第四代编程语言。本节将从计算机语言发展的角度来梳理低代码的流行。

1. 计算机语言的发展

先看高级语言的发展，提到"高级语言"一词，程序员首先会联想到 C 语言和 C++ 等，因为读大学时，它们大概率是计算机专业的必修课，进而再联想到在 IDE 中编写的无穷无尽的代码。不论是 C 语言还是 C++，都不是出现的第一种高级语言。

20 世纪 40 年代，第一台电子计算机问世，此时汇编语言经历了长足的发展，但它过于复杂，且程序的可移植性差，这严重限制了程序的推广。此时，人们意识到需要设计出一个不依赖计算机硬件，能在不同机器上运行的程序，同时该程序要接近人类的自然语言。在 1954 年，第一个完全意义的高级语言 FORTRAN 问世，它脱离了特定机器的局限，是一种通用的编程语言。

FORTRAN 在汇编语言的基础上前进了一大步，但是依然存在问题。它主要用于科学和数值计算，且不够直观。古往今来，人类总是在不断发现问题、研究问题、解决问题的过程中前进，为了解决 FORTRAN 的问题，COBOL 诞生了，之后又诞生了 C 语言。C 语言是结构化的，用英语语法编写的语言，从根本上背离了 COBOL 和 FORTRAN。多年后，在 C 语言的基础上添加了面向对象的编程概念，如继承和多态等，于是 C++ 诞生了。C++之后最大的变化来自 C#，它更适合创建 Web 应用程序，在互联网爆炸式增长之后，这是推动高级语言，如 Java、Python、PHP 等发展的最大动力。再之后又出现了提高数据库使用效率的语言。纵观计算机语言的发展，可以发现其整体趋势是让程序简单，提高效率，增加人类对程序的可读性。

在这里梳理一下，机器语言是第一代计算机语言，汇编语言是第二代计算机语言，高级语言（比如 C 语言、C++ 等）是第三代计算机语言，之后的第四代计算机语言是一种简洁、高效的非面向过程的编程语言，用来提高数据库管理系统的效率，SQL 和 QBE 是第四代计算机语言的代表。在第四代计算机语言中，用户定义"做什么"而不是"如何做"，这与第三代计算机语言形成了差异。绝大多数第四代计算机语言都主要依靠在屏幕上和用户进行"对话"式交互，通过操作屏幕上的窗口、按钮、图标等来创建应用系统。在学习 SQL 的时候，不知你是否使用过 Oracle 应用开发环境，如果使用过，那么你对第四代计算机语言会有一个明显的感知。

有些人可能不认为在屏幕上点一点鼠标，创建应用程序是在使用计算机语言，因此不认为第四代计算机语言是语言。第四代计算机语言是不是语言，这取决于计算机语言的定义。引用百度百科上的一句话：计算机语言是人与计算机之间传递信息的媒介。从"计算机语言是人类用来向计算机传递信息的方法、约定和规则"这个角度考虑，第四代计算机语言确实是计算机语言。以人类语言为例，阅读这本图书的大部分读者可能对口语和书面语言较为熟悉，同时不可忽略，聋哑人使用的哑语也是人类语言。

介绍第四代计算机语言，旨在引出低代码。读到这里你是否觉得低代码与第四代计算机语言很像？不同点在于，第四代计算机语言主要面向数据库应用，而低代码主要面向 Web 应用。

2. 低代码革命

低代码为什么主要面向 Web 应用？要回答这个问题就不得不说到互联网的发展。随着 Ajax 技术的普及，Web 应用变得越来越流行，人们开始使用简单的脚本去完成网页的开发。这让人们可以专注于功能，但同时要求应用以更快的速度开发。与开发原生应用相比，虽然开发 Web 应用更快速，但随着市场需求的暴增，这种快速逐渐显得乏力，再加上资源与成本的矛盾（专业技术开发人员的价格昂贵且数量少），Web 开发面临的问题越来越突出。

Forrester 创造了"低代码"这个词，Gartner 进一步向大众介绍了它。Forrester 对低代码的定义是：低代码平台能快速交付应用程序，它最大化地减少了手动编码量，降低了培训和部署等方面的投资成本。Gartner 对低代码的定义是：低代码开发既描述了从代码中抽象出来的平台，又提供了一套集成的工具来加速应用程序的交付。从汇编语言到高级编程语言，开发者与机器之间多了一个抽象层，这使程序能在不同的机器上运行，也加快了开发效率。从高级编程语言到低代码开发，开发者和机器之间又多了一个抽象层，这加快了应用的开发速度，同时降低了对开发者编程能力的要求。

归根结底，不论何时，企业都想花更少的钱提高生产力，花更少的时间赚更多的钱，这就是低代码平台诞生并火爆的原因。再次强调，低代码并不意味着完全不涉及代码，它只是让开发人员更容易创建应用程序，无须花大量的时间去学习编程语言，再花大量的时间编写代码。

你所在的公司是否有这样一种情况：业务部门总想快速开发应用程序去抢占市场，但是 IT 部门不能满足业务部门快速的要求，并觉得他们不可理喻。低代码为业务人员创建自己的应用程序打开了大门，而不是等 IT 团队来完成这项工作，这使一些具备编程基础的程序员产生了对低代码的恐惧。的确，低代码会降低企业对程序员数量的需求，但认定低代码会让程序员失业，这是没有依据的。不论是否有低代码，企业对专业程序员的需求都是存在的，专业程序员被分配去开发更复杂的程序，简单的程序由业务部门负责，这就是低代码给软件开发带来的变化。

4.1.3 低代码平台的分类

介绍低代码平台的分类之前，先和大家分享我是如何与低代码结缘的。听听我的故事，也许能帮助大家更好地理解后续内容。

2019 年，我在一家供应链公司工作。该公司有多个独立部署的 Web 系统，这些系统技术栈、样式和交互存在差异，有一天老板想将它们合并成一个系统，但不可能完全重写。我们最初的方案是，开发一个基座，该基座只开发登录页和主页面的顶部栏和左侧菜单栏，主要内容区使用 iframe 嵌入原有的系统，当单击基座中的菜单时，改变 iframe 的 URL 让它显示新的内容。该方案如约完成，下一步是统一各系统的样式，我们采用的方式是修改代码。技术人员除了修改老代码，还要开发新功能，老项目采用的技术栈有 Vue、jQuery 和 JSP，不少同事都有些抵触在采用 jQuery 和 JSP 技术栈的项目中去开发新功能。最终前端部门决定开发一个低代码系统去创建页面，最后运用 single-spa 这种微前端技术将创建的页面与基座融合。

虽然当时公司的业务面向供应链这个垂直领域，但我们的低代码平台不是针对该垂直领域的，而是面向通用领域的，主要原因是它使用的是基础组件，不带业务属性。低代码平台有哪些类型，这与思考的维度有关。下面从适用范围和实现方式这两个维度考虑。

1. 按适用范围分类

从适用范围的角度来看，可以将低代码平台分为通用型低代码平台和专用型低代码平台，是否通用是从业务领域出发的，不是屏幕大小。通用型低代码平台的适用范围广，它不假设自己只能适用于特定的场景、业务或行业，而专用型低代码平台与之相反。

与纯代码开发使用组件类似，如果某组件号称自己能适用于各种场景，那么意味着在使用的时候需要给它传递较多参数，开发者查看其 API 文档，搞清它的用法需要花很多时间，开发者可能宁愿重新开发一个自己需要的组件，也不愿意使用那个已有的通用型组件。通用型低代码平台在早期也会存在这个困局，但这不是没有解法的，常见的做法是，搭配一个完善的插件机制，插件易于开发，易于联调，易于与低代码内核集成，通过插件定制具体的业务场景。而低代码内核是纯技术的，不考虑特定的业务功能。

2. 按实现方式分类

按实现方式分类是指，从创建应用的角度出发，将低代码平台分为编译型低代码平台和运行时型低代码平台。编译型低代码平台创建的应用能脱离平台单独运行，为了实现这一目的，低代码平台输出产物之后，还会通过一个代码生成器生成单独的、与纯代码开发类似的项目，该项目在服务器有自己的存储空间。编译型低代码平台的优点是灵活，当浏览器显示界面时，不需要额外获取低代码的产物，缺点是实现难度比运行时型低代码平台更大。

运行时型低代码平台顾名思义，就是低代码平台创建的应用只能在低代码提供的环境里运行，在服务器或其他地方保存的是低代码平台产出的配置。当浏览器显示界面时，除了加载低代码平台的运行时，还要加载应用的配置项，要加载的东西越多出错的概率便越大，这是它的最大不足。优点是简单，不需要开发代码生成器去产出源码。2019 年我开发的低代码平台便是运行时型低代码平台。

从技术角度来看，低代码平台由以下 3 部分组成。

- ❑ **可视化开发环境**：它是低代码平台的核心部分，通常是一个可拖曳的交互界面。开发人员使用可视化开发环境中内置的组件完成应用中大部分内容的开发工作，然后使用自定义代码完成最后一公里。
- ❑ **连接器**：低代码平台使用连接器将各种后端服务、数据库和 API 插入平台，连接器给平台提供了可扩展和增强的功能。
- ❑ **应用程序生命周期管理器**：用于测试、调试、部署和维护代码的工具。如果低代码平台生成的应用有较强的鲁棒性，那么它就需要具备高质量的生命周期管理。

本书把重点放在低代码平台的可视化开发环境上。

4.2 架构策略

本书介绍的 vitis 是一个编译型、通用型的低代码平台，为了让它通用，我将其自下而上分为 4 层，如图 4-1 所示。

图 4-1 低代码平台分层架构图

本节是本章后续内容的总领，在这里只对图 4-1 中显示的名词有一个大概的印象即可。

- ❑ **协议**：它定义了标准，上层基于此标准去实现功能，它不关注功能如何实现。
- ❑ **生态**：它对于通用型低代码平台而言是必备的，如同一个集装箱，包含了多种用来丰富引擎能力的小玩意，比如 CLI、组件、插件和属性设置器。对于属性设置器，后文介绍低代码组件时将着重介绍它。
- ❑ **引擎**：这里的引擎就是可视化开发环境，它是低代码平台的核心，是一个可拖曳的交互界面。
- ❑ **平台**：它将引擎需要的上下游连接起来，除了引擎，它还包含用户管理、组件市场和应用管理等功能。

图 4-1 只展示了分层架构的结果，关于为何要这么分层，无从得知。本节下面的内容将介绍为何按图 4-1 所示的形式分层。低代码平台是一个产品，任何产品都有稳定点和变化点，稳定点往往是系统的核心能力，对于变化点则需要对应考虑扩展性的设计。

用一句话阐述引擎的稳定点：平台的使用者通过拖曳即开发、填空即开发的方式去创建应用，最终输出一份无逻辑的、可序列的数据。引擎的稳定点是拖曳能力和填空能力，还有一个实时预览的能力，否则使用者不知道该拖到什么位置，也不知道填空之后会发生什么变化。这些能力都处于图 4-1 所示的引擎层。

继续深究会问：拖曳是拖什么？填空是填什么？最终生成的数据包含了哪些字段？在这里拖曳的是组件，要填的至少包括组件的属性值，最终生成的数据包含的字段较多，不好用一句话描述，总之要用一个接口类型去规范它。与纯代码开发类似，每个应用或页面都有自己要使用的组件，不能要求它们使用相同的组件。也就是说，在引擎中，哪些组件可拖曳是变化点，另外，每个组件的属性不尽相同，要填的属性值也是变化点。这些变化点全部由图 4-1 中所示的生态层扩充，生态层的丰富度决定了引擎能力的丰富度。

本章后续的内容将引擎最终生成的数据称为 Schema。一共有 3 个地方需要使用这份数据：

- ❏ 在引擎中设计页面时的实时预览。
- ❏ 页面设计完成之后的临时预览。通常预览结果与预期相符时才发起生成源码的请求。
- ❏ 生成源码。生成源码的输入是引擎产生的数据，输出是与手写代码类似的源码。

当这三个地方拿到 Schema 时，为了让它们知道 Schema 描述了什么，我们要给 Schema 中的每个字段指定一个明确的含义，我们可以将这个指定的含义称为规则，规则就是协议。假如有两个不同的引擎遵守同一份协议，那么它们产生的数据可以相互使用，没有理解上的障碍。与手机的零件类似，相同型号的手机，同一个位置上的零件也许来自不同的生产商，只要这些生产商遵循相同的规则，那么它们生产的零件就可以互换。

协议只定义字段的含义，不考虑字段的值是如何产生的。设计协议发生在动手编写代码之前，在设计阶段要充分考虑投入使用之后再修改协议的情况，这时极可能带来严重的兼容性问题，因此协议位于图 4-1 所示的最底层。

图 4-1 所示平台层面向用户，将生态中的各类扩展传给引擎。可以认为平台层将引擎与扩展连接在一起。另外它还具备引擎需要的上下游功能，比如用户管理和引擎输出数据的历史管理等。

接下来将单独介绍图 4-1 所涉重点内容。

4.3　低代码组件

有 Web 应用开发经验的读者肯定知道，Web 组件是开发 Web 应用最重要的基础设施。与纯代码开发相比，低代码开发对组件的要求更高。同时，组件还是引擎创建应用的基石，因此在动手开发低代码平台之前要确保自己有一套自主可控的组件集。按自主可控的程度不同，有 3 种得到组件集的方案：

- ❏ 从头开发一套组件集，代码和 UX 规范全部自己设计，这个方案自主可控的程度最高。
- ❏ 找一个成熟的开源组件集，通过 fork 的方式来派生它的仓库，在已有的基础上开发，派生之后的组件集将与原来的组件集脱钩。
- ❏ 找一个成熟的开源组件集并对其进行二次封装，这意味着你将照搬它的 UX 规范，另外还需要关注它的版本升级。如果它发布了新版本以修复某个漏洞，你二次封装的组件集也需要跟着升级才能修复漏洞，此时需格外注意版本是否兼容。这个方案自主可控的程度最低。

在纯代码开发模式下，组件是拿给程序员使用的，而在低代码开发模式下，组件是拿给引擎使用的。本节将介绍组件有哪些分类，要具备哪些特征。

4.3.1　组件的分类

以功能为维度，组件可分为容器组件和非容器组件；以颗粒度大小为维度，组件可分为基础组件和业务组件。

1. 容器组件

网页上的全部元素构成了一个树状结构，最顶层的节点被称为根，用低代码引擎创建应用时，有一个默认的根，它不可删除，是一个特殊的容器组件，被称为页面容器。还有一类容器组件是布局容器。本书介绍的 vitis 创建的不是静态应用，而是动态应用，因此从服务器获取数据，并将其展示在网页上是必不可少的。这里的容器组件具备获取数据的能力，它除了能发送网络请求从服务器取数据，还能从父容器继承部分数据。7.2 节将详细介绍容器如何获取数据。

2. 非容器组件

非容器组件处于树状结构的最后一层，内部不能放置其他组件，它的作用是在网页上显示数据，接收用户输入。

前面曾提到，应用运行时需要从服务器获取数据。需要获取多少次数据呢？大概没人能给出一个确切的数字，也就是说获取数据的次数因应用而异。假如页面容器得到的数据为 {name:'heyu'}，另一个布局容器得到的数据是 {name:' 何遇 '}，那么非容器组件应该显示 heyu 还是何遇呢？这涉及组件的取数范围。

网页上的组件按树状结构一层一层地进行嵌套，容器作为一类组件自然又有嵌套关系，比如布局容器要放在页面容器的内部，组件从离它最近的容器上获取数据，另外它还能直接获取页面容器上的数据。图 4-2 描述了组件的取数范围。

图 4-2 所示的虚线圈中的范围便是组件的取值范围，取值逻辑如何实现将在第 7 章介绍。

3. 基础组件

基础组件是不带业务属性的组件，它们的适用范围广，但在特定场景中使用它们开发应用的效率可能比较低，常见的基础组件有按钮、输入框、下拉框、图片预览等。基础组件的颗粒度很小，每个基础组件只能做一件事，所以要实现一个具体的业务需求往往要同时使用多个基础组件，组件之间如果有影响，那么还需要低代码使用者自己控制，对于没有编程能力的使用者而言，这不是一件容易的事情。

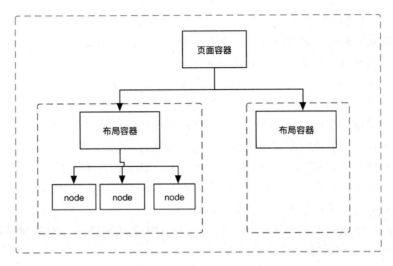

图 4-2　组件的取数范围

从开发效率的角度来看，基础组件不受低代码使用者的欢迎，但它是通用型低代码平台必备的一类组件，因为它定制化低，灵活，就像最小颗粒的积木一样，使用得当能产生意想不到的效果，也能满足那些有好奇心的使用者的探索欲。

4. 业务组件

业务组件就是那些具备业务属性的组件，其颗粒度比基础组件大，目标是提高某一特定领域的开发效率，但在其他领域也许完全不可用，因此业务组件不应该是通用型低代码平台的默认组件。具备组件市场的低代码平台应该让业务团队自己编写业务组件并上传到组件市场，再在低代码引擎中使用这些组件去创建应用。

4.3.2　组件的特征

低代码组件是给低代码引擎使用的，它和纯代码开发使用的组件有相似之处，也有差异之处，本小节将介绍它们之间的差异和相似之处，还将介绍什么样的组件是对低代码友好的，最后讨论低代码组件的功能点。

1. 组件包含的内容

这里以程序员熟悉的纯代码开发为例。前端工程师使用一个陌生的 Web 组件时，首先会查看组件的 API 文档或类型声明文件，目的是学习如何使用组件。学会之后，在自己习惯使用的 IDE 上给组件的属性填写合适的值。最后用浏览器查看运行结果是否符合预期，不符合则修改属性值，直到运行结果与预期符合。

低代码组件是给引擎用的，引擎虽然是一段程序，但它使用组件的流程与人使用组件的流程类似。另外，低代码引擎对组件的要求比人对组件的要求更高，它要求组件包含更多的内容，具体可概括为如下 4 部分。

- ❑ **组件实现**：是一个函数或者类，用来将 HTML 显示在界面上。不论是纯代码开发还是低代码开发，这都是组件必备的部分。
- ❑ **组件规格**：是一份无逻辑的，可序列化的 JSON 数据，可以将其视为引擎学习组件用法时要参考的教程。在低代码开发时，这是组件必备的部分。
- ❑ **属性设置器**：是一个 React 组件，用来配置低代码组件的属性值，它不一定与组件强绑定，但在引擎中配置属性值时，它是必备的。
- ❑ **API 文档**：引擎在使用组件时不看 API 文档，该文档是给人看的，其中包含组件各属性的说明，还包含 Demo。低代码使用者在配置属性值的时候，可能需要查看该文档。对低代码开发而言，它不是必备的。

有 Web 开发经验的工程师想必对组件实现和 API 文档很熟悉，故这里不做额外的介绍，下面重点介绍组件规格和属性设置器。

（1）组件规格

与人一样，引擎在使用组件之前要先学习组件有哪些属性。这里的学习并非人工智能领域说的深度学习，而是程序员提前为组件准备一套规则，就像规格说明文档一样，规则中的每个字段有明确的含义，引擎使用组件时读取这套规则，便可知道组件的信息，比如组件名、组件版本、组件拥有哪些属性等。回头查看图 4-1 所示的协议层，可以发现有两类协议，其中一类是组件规格协议，它便是引擎用来学习组件用法的协议。

不同组件的规格是不相同的，组件规格和组件是一一绑定的关系，组件发布成 npm 包时，它的规格将一并发布，组件规格包含哪些字段将在第 5 章介绍。

（2）属性设置器

引擎分析组件规格知道组件有哪些属性之后还要给属性赋值，但引擎不会自动给属性赋值，而是将组件能赋值的属性显示在界面上，让低代码使用者给属性填上值。使用者怎么填？这取决于引擎识别出属性之后如何显示配置项。

最简单的方法是，不管属性能接受的值是什么类型，都显示文本输入框，让低代码使用者用文本输入框填写值。这个方式实现起来简单，但它不仅会大大降低低代码开发应用的效率，还极有可能出错。比如，某属性的值只能是数字 1、2、3 其中之一，除了开发组件的程序员，其他人大多不知道这一限制，若使用文本输入框则大多数人都会填错。因此当填写该属性的值时，最好让使用者从可能的备选项中选择，而非用一个文本输入框。

选择比输入简单得多，但当备选项不胜枚举时，用选择代替输入便不再适用。怎么填写属性值最方便？没人比开发组件的程序员更了解，因此程序员在准备组件规格说明文档时，最好给每个属性指定配置方式。无论是文本输入框还是下拉选择框，再或者是更复杂的其他形式，在 vitis 生态中统称之为属性设置器。简单地讲，属性设置器是一个 React 组件，作用是让低代码使用者在引擎的面板上设置属性的值，相关细节将在第 6 章介绍。

2. 对低代码友好的组件

什么组件对低代码友好？答案是封装度高的组件。下面通过 Ant Design 来介绍组件的封装程度。先看 Ant Design@3.26.19 的 Select 用法：

```
import { Select } from 'antd';
const { Option } = Select;

<Select defaultValue="jack">
    <Option value="jack">Jack</Option>
    <Option value="disabled" disabled> Disabled </Option>
</Select>
```

再看 Ant Design@5.4.2 的 Select 用法：

```
import { Select } from 'antd';

<Select
    defaultValue="jack"
    options={[
        { value: 'jack', label: 'Jack' },
        { value: 'disabled', label: 'Disabled', disabled: true },
    ]}
/>
```

3.26.19 版 Select 组件的封装方式是模板驱动封装，它直接将 JSX 模板作为 API 暴露给使用者，使用者能按需改造 JSX 模板，从而灵活地实现特定功能。低代码引擎可以给使用者提供编写 JSX 的能力，但用这种方式配置组件效率低，且容易出错，究其原因是它暴露了太多细节给使用者。

5.4.2 版 Select 组件的封装方式是数据驱动封装，它将 JSX 封装在内部，所有的 API 以数据的方式驱动。如果是纯代码开发，笔者倾向于使用 3.26.19 版 Select，但这里讨论的是低代码开发，用数据驱动方式封装的组件更适合低代码开发。

低代码擅长配置字符串、数字等基本数据类型，编写低代码组件时，要考虑在引擎中配置组件能否将属性拆分成基本数据类型。当然，低代码引擎具备编码能力，如果将属性拆分成基本数据类型反而增加了配置难度，此时放弃可视化配置，转而使用局部编码模式未尝不可。表 4-2 展示了组件的细节管控与配置难度、适用范围、定制能力之间的关系。

表 4-2　组件的细节管控与配置难度、适用范围、定制能力之间的关系

	细节管控过严	细节管控过松
配置难度	低	高
适用范围	窄	宽
定制能力	弱	强

模板驱动封装的组件比数据驱动封装的组件对细节管控更松，所以它的配置难度更高、

适用范围更广、定制能力更强。低代码组件推荐使用数据驱动封装。

3. 低代码组件的功能点

这部分不介绍组件内部必须具备哪些能力，而是讨论要不要将某些能力封装在组件内部，比如一键换肤、国际化多语言、组件联动、取数逻辑等。在纯代码开发领域，一键换肤和国际化多语言是组件内部常备能力，这里不讨论它们，而是讨论组件联动和取数逻辑。取数逻辑的重要程度不言而喻，动态页面从服务器请求到数据，再将数据显示到界面上，这个过程必须用到取数逻辑。

在这里依然以大家熟悉的纯代码开发为例。取数逻辑对纯代码开发来说也是必不可少的，但取数不由组件完成，数据在外部取得后再传给组件，组件只负责显示。vitis 沿用了这个策略，主要出于如下两个原因。

❑ **复用已有的纯代码组件**。前面曾提到，低代码组件需要在纯代码组件的基础上增加一部分内容，也就是说低代码组件不必从头开发，可以基于原有的纯代码组件进行二次封装。这能节约开发资源。这里的封装不改变组件的逻辑，只生成组件规格和属性设置器 (可选)。纯代码组件内部不涉及取数逻辑，因此低代码组件也不涉及取数逻辑。

❑ **复用数据源**。动态网页的取值至少得经历网络请求这一步，每个组件显示的数不尽相同。后端 API 常见的做法是一次性返回一批数据，如果将取数操作放在组件内部，那便意味着每个组件都单独发送网络请求，这必定加重服务器的负担。vitis 的做法是，将获取网络数据的操作放在统一的地方，也就是前面介绍的容器组件。容器得到数据源之后，将数据保存起来，其子孙从它上面获取数据，并将结果传递给低代码组件。这里的"子孙"指的是低代码组件的包裹层。

组件联动与取数逻辑类似，它也不放在低代码组件内部，而是由低代码组件的包裹层负责。组件联动和取数逻辑的具体实现将在第 7 章介绍。

4.4 编辑器

编辑器的目标是产生一份符合页面搭建协议的数据，这份数据被称为 Schema。Schema 用来描述创建的 App 是什么样的。在纯代码模式下，开发 App 要完成布局、交互和取数这 3 件事，低代码开发也是如此，本节将从布局编辑、属性编辑、数据编辑和逻辑编辑角度介绍它们。

4.4.1 布局编辑

布局通常发生在应用开发的前期，在纯代码模式下，开发者拿到 UX 设计稿时，首先会从视觉上将整个设计稿分成多个区域，然后再思考是使用绝对定位、相对定位、弹性布局还是栅格系统布局。在本书完稿时，栅格系统布局在业界运用还较少，弹性布局用得最多，开发者在还原设计稿的时候，通常将弹性布局、相对定位和绝对定位组合使用：整个页面大范围使用弹性布局，在弹性布局的盒子内部，视情况使用相对定位或绝对定位。

　　低代码使用者开发应用时，不必关心布局的代码如何运行，只需要将组件拖到合适的位置。为了帮助低代码使用者高效完成页面布局，本小节介绍两种布局方式——行列布局器和卡片布局器。

1. 行列布局器

　　行列布局器运用的是 Flex 弹性布局，它涉及行组件和列组件这两类容器。低代码使用者依据设计稿将页面用行或列组件分为多个区域。设计稿示例如图 4-3 所示。

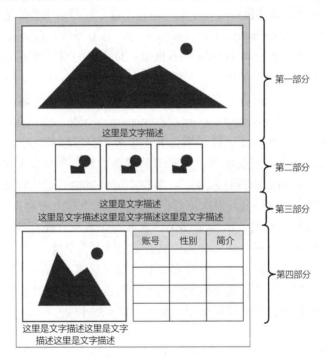

图 4-3　设计稿示例

　　图 4-3 所示是脱敏之后的设计稿，它的布局从上到下可以分为四部分，下面详述每一部分的结构。

❑ 第一部分：先拖一个列组件，给它设置背景色，再将图片组件和文字组件加在列组件中。

❑ 第二部分：先拖一个行组件，给它设置内边框，再将三个图片组件放置其中。

❑ 第三部分：先拖一个列组件，给它设置背景色，再将两个文字组件放置其中。

❑ 第四部分：先拖一个行组件，再在行组件中放置两个列组件，在第一个列组件中放
置图片组件和文字组件，在第二个列组件中放置表格组件。

从上面的描述中可以发现，行组件如同一个水平盒子，它将直接子元素横向排列；列
组件如同一个垂直盒子，它将直接子元素纵向排列。最重要的是行列组件可以相互嵌套，
从而描述整个二维 UI，这类似于栅格系统。为了提高低代码使用者的布局效率，推荐使用
行列组件创建一些内置布局模板，比如一行两列、一行三列等。行列布局器在大范围内布
局效率很高，它能快速将页面划分为多个相互独立的区域，但它的精细化布局能力不强，
要实现精细化布局就要使用卡片布局器了。

2. 卡片布局器

卡片布局器用来实现精细化布局，能弥补行列布局器的不足，处理的是行或列容器内
部的布局。它的操作行为是，拖动某个行或列容器的直接子元素，将它们摆放到合适的位
置，例如图 4-3 所示第二部分包含的 3 个图片组件，这个过程运用的是绝对定位。

在设计页面时，卡片布局器采用绝对坐标来定位各个组件，所以非常容易实现组件点
选、框选及拖动等操作。观察市面上的 Web 网站，页面上的组件并不是随意放置的，它们
通常是对齐的，并且上下左右的间距呈某种规律，为了提高低代码使用者的开发效率，给
卡片布局器提供自动吸附和对齐辅助线是值得考虑的，但它们实现起来并不容易，在这里
推荐一个名为 moveable（https://github.com/daybrush/moveable）的开源项目。

如果显示器的分辨率和尺寸一样，那么卡片布局器实现起来将简单得多，不管是编辑
态还是运行态，都采用绝对定位即可。但真实情况是，显示器的分辨率和尺寸千差万别，
为了让 App 在实际运行时获得弹性尺寸，在运行态应该将绝对定位转换成 Flex 弹性布局。
我猜你一定不希望用低代码平台开发应用时，页面在你的电脑上布局良好，组件排列均匀，
但在另一台电脑上实际运行时，组件全部集中在某一个区域，而其他区域出现大片空白。
因此将绝对定位转换成 Flex 弹性布局比提供对齐辅助线更为重要。

设计应用时，首先上场的是行列布局器，它可以快速将页面切分为多个区域，在区域
内部，低代码使用者视情况决定是继续使用行列布局器，还是使用卡片布局器做精细化布
局。有 CSS 知识的使用者还能在属性编辑面板中编辑 CSS 样式。

4.4.2 属性编辑

属性编辑指的是编辑低代码组件的属性，这些属性被传递给组件的 props。简单地讲属
性编辑就是给组件的 props 赋值。在纯代码开发模式下，该过程发生在 IDE 中，程序员要
一个字符一个字符地输入。在低代码模式下也能采用字符输入的方式，只是开发效率很低。
为了提高开发效率，低代码引擎使用属性设置器给组件属性赋值。属性设置器本质上是一
个 React 组件，通过它可让低代码使用者像填表单一样给属性赋值，它提供的是一种可视化
的编辑属性的方式。

假设有一个低代码组件 Staff，它包含的属性如下：

```
interface Props{
    age: Number;
    isOwner: Boolean;
}
```

可以看出 Staff 包含两个属性：age 表示年龄，数据类型是数值型；isOwner 表示是否是负责人，数据类型是布尔型。Staff 的属性配置面板显示的内容如图 4-4 所示。

vitis 有内置的属性编辑器，比如布尔型设置器、数值型设置器等。如果某属性的数据类型是布尔型，那么推荐用布尔型设置器给它赋值；如果数据类型是数值型，那么推荐用

图 4-4　属性配置面板示例

数值型设置器给它赋值。当然，组件属性的数据类型千差万别，有的复杂，有的简单，总体而言，属性的数据类型越复杂，它用到的属性设置器也就越复杂。

不同组件的属性数目存在差异，数据类型也存在差异，每个属性至少对应一个属性设置器，除非它不需要赋值。当组件发布的时候，必须在组件规格中给属性指明要使用的属性设置器，否则引擎无法得知该使用什么方式给属性赋值。

回头看图 4-1 所示的低代码分层架构中的生态层，该层包含属性设置器，也就是说 vitis 生态的开发者可以自行开发属性设置器，这里的开发者指的是具备编程能力的群体。6.2.2 节将详细介绍如何通过属性设置器修改属性值并保存属性值。

4.4.3　数据编辑

容器具备发送 HTTP 请求并获取数据的能力，它还能将得到的数据分发给子孙组件。这里的子孙组件不区分是否是容器，子孙组件用一个取值路径从父容器取数。数据从获取到显示要经历 3 个动作：计算请求参数，更正数据结构，映射数据模型。

1. 计算请求参数

发送 HTTP 请求时，有 3 个位置可传参数，分别是请求头、URL 和请求体。请求头上的参数通常用来做权限校验，在请求拦截器中对整个 App 发出的 HTTP 请求做一致配置。如果读者熟悉网络请求库 axios，那么将能很好地理解拦截器。开发低代码引擎时推荐提供一个接口，让使用者将整个 App 的网络请求的公共部分放在拦截器中，这能有效减少低代码使用者的手动配置的数量。

URL 是一个字符串，配置它的时候直接填入固定值是常规做法，比如 /path/to/target?type=1。为了提高低代码使用者的开发效率，让 URL 能填入动态值是值得推荐的。vitis 支持的动态值填写方式是 /path/to/target?type={v1}，被花括号括起来的是一个变量，它从浏览器地址栏取值。

有些时候请求参数较为复杂，URL 动态取值不能覆盖，此时在低代码引擎上编写代码将不可避免，这里只需要编辑代码块。开源编辑器 monaco-editor 是 VS code 的底层编辑器，vitis 引入它来编辑代码块，对于编程需求已经完全可以满足，另外它的扩展性很强，开发者能按需扩展。

在浏览器中使用 monaco-editor 的示例代码如下：

```
import loader from '@monaco-editor/loader';

loader.config({
    paths: {
        vs: 'https://g.alicdn.com/code/lib/monaco-editor/0.33.0/min/vs',
    },
});

loader.init()
.then(monaco => {
    // 将编辑器显示到 domNode 上
    monaco.editor.create(domNode, {
        value: someCode,
        language: 'javascript',
    })
})
```

上述代码中的 @monaco-editor/loader 让我们在浏览器中使用 monaco-editor 变得更加简单。

 获取 monaco 的地址为 https://microsoft.github.io/monaco-editor/index.html。获取 @monaco-editor/loader 的地址为 https://www.npmjs.com/package/@monaco-editor/loader。

2. 更正数据结构

配置了正确的请求地址、请求方法和请求参数之后，容器应该能拿到数据了，通用型低代码平台不会干涉服务端返回的数据结构。如果数据不符合预期，那么需要对数据进行加工，这个过程称为更正数据结构。更正数据结构可以在两个位置发生，一个是 App 统一的响应拦截器中，另一个是单个请求的响应处理器中。图 4-5 描述了处理数据的流程。

图 4-5 所示的 3 个容器分别向服务器发送 HTTP 请求以获取自己的数据，服务器返回的原始数据经过同一个拦截器。如果 App 上所有的网络数据都要做相同的处理，建议将其配置放在响应拦截器中，随后拦截器的处理结果将流入容器各自的响应处理器，容器最终得到的数据来自它们的响应处理器。

用网络请求库 axios 发送 HTTP 请求，图 4-5 描述的过程反映到代码层面如下所示。

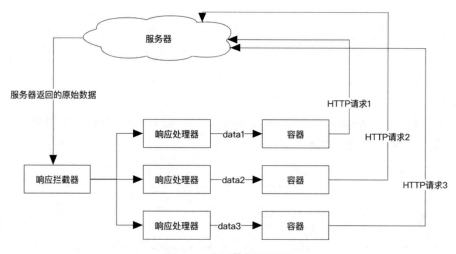

图 4-5　处理数据的流程

```
import axios, { AxiosRequestConfig, AxiosResponse } from 'axios'

const instance = axios.create({
        responseType: "json"
})
// 这是响应拦截器
instance.interceptors.response.use(function (value) {
    // some code
    return resultValue
})

instance({
    url: "path/to/target",
    method: "GET",
    params:{...}
}).then(res => {
    // 这是响应处理器
    return containerData;
})
```

3. 映射数据模型

经过前面的步骤，容器拿到了自己的数据源，接下来便是让数据对子孙组件可见。在这里用到的是 React Context API，它让子孙组件只能访问最近的容器数据。假设数据如下：

```
const order = {
    name: "订单",
    id: 1,
    user: {
        name: "张三",
        age: 20
```

```
        }
    }
```

order 对象上的各个字段由不同的组件显示。为了实现这个目标，vitis 让每个组件都拥有一个映射路径，比如用 user.name 只能从 order 对象上取到"张三"，用 name 只能从 order 对象上取到"订单"。映射路径是一个字符串，低代码使用者在引擎中赋值也相当简单。这里使用的开源项目是 depath，它既能用路径取值，也能用路径修改值，它用来实现我们的目标已足够。depath 的用法如下。

```
import { Path } from "depath"
const obj = {a:{b:{c:{aaa:123,bbb:321,kkk:'ddd'}}}}
// 取值
Path.getIn(obj,"a.b.c.aaa") => 123
// 修改值
Path.setIn(obj,"a.b.c",{age: 12}) => {a:{b:{c:{age:12}}}}
```

4.4.4 逻辑编辑

这里的逻辑是指交互逻辑，App 底层框架的逻辑代码不需要低代码使用者去实现，而是由低代码编译器自动生成。低代码使用者在引擎中编辑的逻辑，是少量且简单的。这些逻辑被编译器添加到 App 的架构代码中，这相当于把写一篇完整作文改成了做填空题。

Web 应用的交互逻辑通常应用于如下几个方面。

❑ 生命周期：用来执行页面的初始化工作或数据清理工作。

❑ 事件回调：用来响应用户操作，与组件强相关，最常见的是点击事件。这里的用户操作不包含表单控件的输入，表单控件的输入被单独处理。

❑ 联动：用来影响组件的状态，当页面数据有变化时，联动逻辑要重新执行。

由于获取网络数据分到了数据编辑中，因此生命周期要处理的逻辑很少，这里用代码编辑器填写代码块便能满足需求；联动涉及的逻辑很简单，总体来说，都是一些条件判断语句，用代码编辑器也能满足需求；事件回调要处理的逻辑可能很多，完全依赖代码编辑器，将大幅度降低开发效率。

下面以点击事件为例，分析事件回调的常用功能点。点击事件的功能点可以总结为 5 个：打开弹窗、发送 HTTP 请求、文件上传、文件下载和页面跳转。这些功能点能独立存在也能相互组合，比如可先打开弹窗，再在弹窗中单击"确定"按钮向服务端发送一个 HTTP 请求，请求发送成功后触发页面跳转，流程如图 4-6 所示。

图 4-6 中用灰色背景填充的矩形框是功能点，条件判断将它们串联在一起，如果将整个流程用可视化配置去完成，其代码的实现成本和可视化配置的理解成本都不小。但如果将流程拆分为多个功能点，这些功能点单独配置，最终再将结果串联在一起，那么一切将变得简单。单个功能点通过可视化配置得到的数据结构可通过如下代码进行整理。

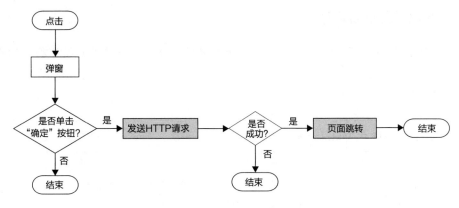

图 4-6 逻辑编辑流程示例

```
interface Feature {
    id: string;           // 自动生成的唯一标识符
    type: string;         // 功能点类型
    detail: any;          // 功能点的具体配置
    onOk?: string;        // 条件判断结果为"是"的时候，要进入的功能点
    onCancel?: string;    // 条件判断结果为"否"的时候，要进入的功能点
}
```

detail 是功能点的具体配置，不同功能点的 detail 有所不同，配置 detail 方式与已有的页面搭建保持一致。onOk 和 onCancel 用于串联功能点，它们的值是下一个功能点的 id。从前面的描述可以看出，事件回调是一个 Feature 集合，其中保存了涉及的功能点。

回头看生命周期和联动的逻辑，可以发现它们也能转换成可视化编辑模式。生命周期与事件回调类似，都能将大的流程拆分成小的功能点。联动逻辑总体而言就是配置与或非逻辑表达式，这在市面上并不少见。常见的表现形式是，用下拉框选择相关的字段，当字段的值满足某个条件时，比如大于、等于或小于某个数，将结果返回。

本小节只罗列了 5 个功能点，其实功能点的数目可以逐步增加，可视化编辑的交互也能逐步完善，但是不论丰富和完善到什么程度，它们依然无法解决所有的问题，或者在特定复杂场景下，其效率比不上纯代码模式。因此要考虑用一个代码编辑器作为兜底方案，让低代码使用者能编辑代码块。这里要注意，一旦将某块逻辑转换成纯代码代编辑，那么将不能再转换为可视化编辑。

4.5 代码编译器

代码编译器的作用是让浏览器能运行低代码引擎产生的 Schema，本节从架构层面介绍代码编译器与引擎之间的关系和编译器的两种状态。

4.5.1　代码编译器的演变

在纯代码开发模式下，开发者创造的产物或多或少都能被浏览器直接运行，但在低代码开发模式下，开发者用 vitis 引擎创造的产物不能被浏览器直接运行，这里存在一个转换过程，如图 4-7 所示。

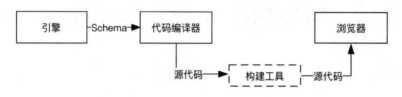

图 4-7　Schema 转化成源码

图 4-7 显示的构建工具是 webpack 和 vite 等，这里用虚线绘制是为了说明它不是必需的，代码编译器与引擎之间的关系，可以大致分为如下 4 个层次。

❑ Level1：没有代码编译器这一概念，无法区分编辑态和运行态。

❑ Level2：有独立的模块用于生成源码，但是编译器和引擎运行时重合。

❑ Level3：引擎与编译器相互独立，地位相同，运行时分离。

❑ Level4：编译器有插件系统和生态，这里的编译器必须在 Level2 的基础上再次抽象才能实现插件系统。

1. Level1

本章开头曾提到，2019 我在当时的公司落地了一个低代码工具，那时的低代码没有代码编译器这一概念，编译器和引擎的关系属于 Level1 级。为了区分编辑态和运行态，我引入了一个只读状态，在该状态下，页面上的组件不能拖动，不能删除，也不能编辑属性。更糟糕的是，当别的系统需要集成低代码生成的 App 时，它使用 single-spa 微前端技术加载的是整个低代码引擎，因此会时常遇到 CSS 样式冲突，另外修改低代码引擎的功能，会对已经生成的 App 造成影响，App 的稳定性是相对低的。

当引擎和编译器的关系为 Level1 时，低代码平台生成的 App 只能在引擎中运行，此时 App 与低代码平台之间存在耦合。

2. Level2

Level2 在 Level1 的基础上做了进一步抽象，此时编译器有一个单独的 npm 包。在编辑态，低代码引擎引入该 npm 包并将 Schema 传给它，以实时显示当前的编辑结果。但此时的编译器没有纯净的运行环境，它与引擎位于同一 Frame（框架）中，不可避免会有 CSS 样式冲突、全局变量冲突等。在运行态，在另一个独立的系统中引入编译器 npm 包，并将 Schema 传递给它，从而将 App 显示在界面上，此时低代码 App 已经与低代码平台解耦。Level2 编译器的主要问题是，在编辑态没有纯净的运行环境，这可能导致编辑时的 App 与运行时的 App 表现不一致。

3. Level3

引擎与编译器的关系处于 Level3 层级，意味着不论是编辑态还是运行态，低代码 App 与引擎相互独立，在不同的 Frame 中运行，引擎的 CSS 样式和全局变量不对低代码 App 产生影响。本书介绍的 vitis 实现的是 Level3 层级，针对编辑态和运行态的特征有不同的实现方式。

编辑态的特征是，低代码使用者在引擎中编辑 App 时，App 要实时发生变化，这个变化必须迅速。为了实现这一目标，此时的编译器是一个发布成独立 npm 包的 React 组件，它接受 Schema，将 Schema 描述的 App 显示在界面上。

与编辑态不同，当 App 处于运行态时，其 Schema 是固定的，不再发生变化，为了保证运行态 App 的稳定性，App 在上线的时候，vitis 把 Schema 转换成能与手写代码相媲美的源码。该过程在服务端完成，各 App 的源码单独部署。App 不仅与引擎脱钩，还与 Schema 脱钩。

在 vitis 中把编辑态用来显示 App 的 React 组件称为渲染器，把用 Schema 生成手写代码的 Node 程序称为源码生成器。

4. Level4

引擎生成的 Schema 是无逻辑的、可序列化的数据，它与具体的运行平台无关。Level4 层级为了满足某些企业的跨端应用而存在，比如用同一份 Schema 不仅生成在微信小程序运行的 App，还生成在浏览器运行的 App，甚至更多。Level4 在 Level3 的基础上做了进一步抽象，它超出了本书的介绍范畴，故这里不再展开。总体而言，它要有完备的插件系统，可以打造一个生态，用不同的插件去生成在不同平台上运行的 App。

4.5.2　渲染器

渲染器是一个 React 组件，其特点是动态解析 Schema 以完成页面渲染，优势是能响应 Schema 的变化，迅速渲染出页面，劣势是它渲染的 App 的稳定性有所下降。前文曾提到，vitis 在 App 的编辑态用渲染器去渲染页面，而 App 在上线运行时不再采用该策略。如果不考虑稳定性，线上运行的 App 依然能用渲染器去渲染页面，此时，首当其冲的问题是 Schema 从哪儿来？这里有两种策略。

❑ 调用服务端 API 动态获取 Schema，此时严重依赖服务端的稳定性，如果 API 报错，那么页面将完全不显示。

❑ Schema 以静态文件的形式与调用渲染器的代码保存在一起，这种策略只依赖静态服务器，甚至可以用 CDN 服务去托管静态文件。这种策略比第一种策略更稳定。

由于 App 在运行态时不再用渲染器渲染界面，因此前面罗列的两种在运行态获取

Schema 的策略将不再介绍，本小节介绍渲染器的技术要点。

1. Function 构造函数

Schema 是一个 JSON 格式的字符串，低代码使用者在引擎中编辑的函数全部以字符串的形式保存在其中。渲染器在调用函数之前要将函数形式的字符串转化成函数，这里涉及的知识点是 Function 构造函数，用它可动态创建一个函数，实现代码如下。

```
const sum = new Function('a', 'b', 'return a + b');

console.log(sum(2, 6)); // 打印结果为 8
```

使用 Function 将函数形式的字符串转换成函数的代码如下。

```
function strToFunc(str){
    return new Function('return '+str)()
}

const getAge = strToFunc('function getAge(){return 123}')

getAge() // 打印结果为 123
```

2. 动态渲染组件

渲染器的必填属性至少包含 Schema 和一个组件集合。Schema 为树状结构，描述了 App 由哪些组件组成。渲染器在显示 App 时递归 Schema 以得到每一层的组件标识符，通过它从组件集合中查找组件，最后将组件渲染在界面上。代码如下。

```
const componentName = schema.componentName
// 取组件
const Component = ComponentMap[componentName]
// 渲染组件
<Component {...schema.props}/>
```

3. 用 Ref 访问 DOM

使用引擎能拖曳低代码组件并将其放置到正确位置上，要实现该能力必须知道 App 中已有组件的尺寸和位置。此时不可避免地需要访问与组件对应的 DOM 节点，这里用到的知识点是 React Ref API。代码如下。

```
// 这是组件的定义
const Component = React.forwardRef(function (props, ref) {
        return <div ref={ref}>{props.children}</div>
})

// 渲染组件
function RenderComponent() {
    const rootRef = useRef(null)
    useEffect(() => {
```

```
        // 获取组件的 DOM 节点
        rootRef.current
    },[])
    return <Component ref={rootRef}/>
}
```

4. iframe 之间的通信

渲染器的主要工作是把 Schema 描述的 App 渲染在界面上，因此它知道 App 中所有组件的位置信息。App 在编辑态时，低代码组件的拖曳定位由引擎实现，由于渲染器与引擎位于不同的 Frame 中，所以渲染器需给引擎提供访问组件位置的 API。渲染器所在的 iframe 由引擎所在的主页面打开，它们之间没有跨源，因此直接访问全局变量即可实现两者之间的通信。代码如下。

```
// 在主页面装载渲染器 iframe
const mountIframe = (iframe) => {
    frame.contentWindow.addEventListener('load', () => {
        // frame 加载完之后获取 frame 上的全局变量，在主页面可以访问该全局变量上的 API
        const renderer = frame.contentWindow.renderer
    });
    frame.contentDocument.open()
    // 往 iframe 中写入内容，包含 JS 脚本，CSS 样式等
    frame.frameDocument.write(someCode)
    frame.contentDocument.close()
}
```

上述代码涉及的知识点是，主页面可以访问并修改同源 iframe 上的全局变量。当渲染器 iframe 加载成功之后，主页面能通过 iframe 的 window 对象访问渲染器环境提供的 API，主页面也能将自己的某些 API 赋值给渲染器 iframe 的全局变量，以此实现主页面与 iframe 的双向通信。

渲染器包含的功能远不止本小节介绍的这些，表单联动、数据源和表单校验等功能的实现将在第 7 章详细介绍。

4.5.3　源码生成器

源码生成器是一个在服务器上运行的 Node 程序，它的输入是一份结构化数据，也就是前面说的 Schema，它使用页面搭建协议去解读 Schema，任务是将 Schema 转换成能与手写代码相媲美的源码。它的具体实现将在第 8 章介绍，这里仅介绍生成源码的思路。

1. 直接法与间接法

图书由一个一个的字符组成，与之类似，用 IDE 编写的源码也由一个一个的字符组成。因此用 Schema 生成源码最容易想到的方案便是字符拼接，比如在 import 的后面拼接一个变量名，再拼接一个 from，最后拼接文件路径，如此便写好了一个 ES6 模块导入语句。针

对不同的字符拼接的结果，这里有两种生成方式。

❑ 直接法：直接用 Schema 拼接出浏览器能够运行的代码。

❑ 间接法：先用 Schema 拼接出某种 MVVM 框架的代码，再利用模块打包工具将其打包成浏览器能够识别的代码。

直接法和间接法各有优缺点。直接法最大的优点是不存在多余的代码。熟悉模块打包工具的开发人员都知道，即便是一份最简单的代码，经打包工具处理之后，生成的代码中也会同时包含原始代码和打包工具的运行时代码，这将导致 App 的代码体积变大。

直接法的缺点也非常明显。App 在运行时，使用直接法生成的代码量比间接法的少，但在生成代码的过程中需要拼接的代码量却较多。另外，直接法要求低代码组件集是由 Web 原生 API 编写的，如果组件集的技术栈是某 MVVM 框架，那么只能选用间接法生成源码。

间接法的优点是，由 Schema 生成 App 源码时需要拼接的代码量较少，实现编译器更简单。在这里可以结合市面上成熟的开源解决方案，比如 icejs、Umi 或 Nuxt 等，简化项目的基础配置，让代码生成器将注意力放在核心代码的生成上。本书介绍的 visit 使用间接法去生成源码，它把 icejs 作为基础模板。

2. 插入点

如果你对 icejs 很陌生，那么我建议你简单阅读一下它的官方文档，用它提供的命令行工具创建一个项目，如此一来，你对 icejs 项目的结构将有一个基本的了解。你会发现，新建的 icejs 项目中存在大量的静态文件，它们的内容和路径在不同项目中是相同的。代码生成器主要是生成动态文件，其内容和路径与 Schema 密切相关。这里讨论的是动态文件中的插入点。假如我们要生成的代码如下。

```
import Button from 'vitis-button'

export default function Page() {
    const onClick = () => {}
    return <div> <Button onClick={onClick }/> </div>
}
```

上述代码极其简单，首先它在文件的开头用 import 导入了一个模块，接着定义了一个 React 函数组件，该函数除了有 render 部分，还有一个局部变量。开发上述代码至少涉及 3 类插入点：import 区，函数组件 render 区，函数组件局部变量区。

源文件中的各代码区有先后顺序，总体而言，函数组件的局部变量区必须在 render 区的前面，import 区通常位于其他代码区的前面。

现在拿到一个完整的 Schema，我们要求其中的每一个组件节点都生成一个源码文件，这些文件通过 ES6 模块语法被其他文件引入。有开发经验的前端工程师很清楚，不同类型的文件应该包含哪些代码区。遍历 Schema 中的值往这些区域插入代码片段，组织代码区的先后顺序，最后将它们连接在一起就形成了完整的文件内容。

用 Schema 生成源码实际上是根据结果反推实现的过程，这里用来描述代码块的接口至关重要，它的类型如下。

```
interface Chunk {
    chunkType: ChunkType;
    fileType: FileType;
    // 代码区
    chunkName: ChunkName;
    // 代码区包含的代码
    content: string;
    // 这个代码区应该位于哪个代码区的后面
    linkAfter?: ChunkName;
}
```

一个源码文件包含多个代码区，因此用来描述源码文件的接口如下。

```
interface File {
    chunks: Chunk[];
    path: string;
    fileName: string;
    ext: string
}
```

4.6　插件系统

近些年来插件化架构相当流行，相当多的应用程序都有插件这个概念。本节将介绍什么是插件化架构，如何设计并实现它，最后分析插件化架构对低代码的必要性。

4.6.1　什么是插件化架构

插件化架构又称微内核架构，采用这种架构模式的应用程序内核较小。它有两个核心概念：内核和插件。

❑ 内核：这是应用程序的运行主体，通常是一个可以独立运行的最小化模块，从商业应用的角度来看，应用中最赚钱或最有价值的那部分代码位于内核中。

❑ 插件：插件分为内置插件和外置插件。总体而言，插件是廉价、试错成本低、可替换的单一功能模块。值得注意的是插件之间可以相互通信，但不能产生依赖。

插件化架构的设计思想很简单，就是让一些新的程序能接入现有程序，在不修改现有程序的情况下丰富软件的功能。可替换的那部分程序被称为插件。插件化架构是开闭原则的最佳实践。

设计插件化架构的软件时，首先要仔细分析软件的业务逻辑是什么，将核心功能与扩展功能解耦，接着定义插件与内核之间的接口、插件的生命周期、插件注册机制、插件与内核之间的通信机制。

1. 定义插件与内核之间的接口

这里的接口让插件能接入内核，接口中的字段决定了插件能将哪些信息传递给内核，也决定了插件能访问内核提供的哪些能力。插件接入内核有两种方式：一个是用配置文件告诉内核有关插件的信息，内核运行时主动按约定读取配置文件以加载插件，这称为声明式；另一个是开发者主动调用内核提供的 API 以告诉内核有关插件的信息，这称为编程式。

声明式主要适合自己单独启动不用接入另一个软件的场景，例如 Babel、webpack 等前端工具使用声明式注入插件，对插件命名和发布渠道都会有一些限制。编程式则适用于需要被引入另一个外部系统的情况，开发者能自主控制插件注入内核的时机。本书介绍的低代码引擎使用的便是编程式注入插件。下面的代码定义了一个插件与内核之间的接口。

```
interface PluginConfigCreator {
    (ctx: PluginContext, options: any): PluginConfig;
    pluginName: string;
}
```

从上述代码可以看出，这里的插件是一个函数，它被注册到内核，等到插件要运行的时候，内核给插件提供一个上下文对象（ctx），插件与内核交互只能通过该对象实现。另外，代码中的 PluginConfig 也至关重要，它定义了插件的生命周期。

2. 插件的生命周期

插件至少具备初始化这一个生命周期，初始化时插件将它的能力接入内核。与初始化配套出现的还有销毁这个生命周期，它通常用来做清理工作，不是必需的。如果插件的初始化涉及异步执行的代码，那么其生命周期还应该包含初始化完成、初始化失败等。前面提到的 PluginConfig 的类型如下。

```
interface PluginConfig{
    init(): void;
    destroy?(): void;
}
```

设计好插件的接口和生命周期之后，开发插件只需要遵照定义好的接口即可。内核对插件的实现细节没有要求，如 A 插件使用 React 开发，B 插件使用 Vue 开发，C 插件使用 jQuery 开发，对内核而言无关紧要。

3. 插件注册机制

内核应该有一个注册表去统计哪些插件注入了内核，其运行状态如何，这为插件通信提供了基础，注册插件还要考虑同一扩展点上出现多个插件的问题。当同一个扩展点上注入多个插件时，如何处理插件的关系，这里没有一概而论的方式，主要有如下 4 种常见的处理方式。

- ❑ **覆盖式**：后注册的插件覆盖先注册的插件，也就是同一个扩展点最多有一个插件执行。
- ❑ **管道式**：按照注册顺序，插件一个一个地执行。如果插件有输入输出值，那么上一个插件的输出值作为下一个插件的输入值。前端构建工具 gulp 采用的便是这种方式。
- ❑ **洋葱圈式**：它将插件的逻辑分为输入和输出两部分。输入部分按照插件的注册顺序，先注册的先执行，后注册的后执行，所有插件的输入部分执行之后，执行内核的代码，最后按插件注册的反方向执行输出部分，即先注册的后执行，后注册的先执行。熟悉 koa 的读者应该很了解这种方式。
- ❑ **集散式**：每一个插件都执行，如果有输出值则将结果合并。

本书介绍的 vitis 采用的低代码引擎用的是覆盖式来注册插件。vitis 对插件不提供具体的扩展点，开发插件时，给插件提供一个唯一的插件名即可。

4. 插件与内核通信机制

插件与内核通信有两种实现方式——事件广播和点对点调用。再次提醒，插件对插件、内核对插件不能有依赖，插件也不能依赖内核的具体实现，而是依赖抽象接口。

- ❑ **事件广播**：内核定义一些特定的事件类型，它和插件都能触发和监听这些事件，这里运用了发布订阅者模式。
- ❑ **点对点调用**：如果内核要调用插件实现的某个 API，这里运用依赖倒置原则消除内核对插件的依赖，转而让插件依赖内核的某个抽象接口。插件实现该抽象接口，内核调用抽象接口的具体实现。如果插件要调用内核的某个 API，那么访问内核并为插件提供上下文对象即可。

4.6.2　实现插件化架构

4.6.1 节介绍了设计低代码架构要经历哪些步骤，本小节用一个最简单的示例来演示如何实现插件化架构。

1. 定义插件接口

插件接口被定义在内核或独立的第三方包中，推荐用一个专门的代码包去定义需要同时在插件和内核中使用的接口，这样能避免插件对内核有源码层级的依赖。本示例定义的插件接口如下。

```
// 这是对插件的定义
interface PluginConfigCreator {
    (ctx: PluginContext, options: any): PluginConfig;
    pluginName: string;
```

```
}

// 这是对插件生命周期的定义
interface PluginConfig{
    init(): void;
    destroy?(): void;
}
```

2. 注册和调起插件

在内核创建一个专门负责注册和调用插件的对象，代码如下。

```
class PluginManager {
    // 注册到内核的插件
    private pluginMap: Map<string, LowCodePlugin> = new Map()

    // 将插件从内核移除
    delete(pluginName: string): Promise<boolean> {
        if (this.pluginMap.has(pluginName)) {
            const thisPlugin = this.pluginMap.get(pluginName)!
            this.pluginMap.delete(pluginName);
            if (thisPlugin.config.destroy) {
                thisPlugin.config.destroy()
            }
        }

        return Promise.resolve(true)
    }

// 注册插件
async register(pluginConfigCreator: PluginConfigCreator , options?: any):
    Promise<void> {
        const config = pluginConfigCreator({
            setters,
            skeleton,
            material,
            plugins,
        }, options)
        // 初始化插件
        await config.init()
        this.pluginMap.set(pluginConfigCreator.pluginName, {
            options,
            config,
            pluginName: pluginConfigCreator.pluginName
        })

        return Promise.resolve()
    }
}

const pluginManager = new pluginManager()
```

3. 定义插件并将插件接入内核

创建一个实现了插件接口的插件，它是一个普通的函数，代码如下。

```
function LifeCyclesPane(ctx: PluginContext,options: any) {
    return {
        init() {
            // 在这里用 ctx 里定义的 API 往内核添加功能
        }
    }
}
LifeCyclesPane.pluginName = 'defaultLifeCyclesPane'

// 将插件注册到内核
pluginManager.register(LifeCyclesPane)
```

4.6.3　插件化架构与低代码

本章开头曾提到，本书开发的 vitis 是通用型低代码平台，这类低代码平台适用范围广，但在某些特定业务场景下使用门槛高，开发效率高不成低不就。提高 App 的开发效率和降低 App 的开发门槛是建设低代码平台的两大目标，低代码平台即使将其中一项做到极致也难以成功。

在企业内部建设低代码平台通常是基础设施部的工作，他们开发低代码平台给其他业务部门使用。业务部门的 App 各有特点，当他们认为低代码平台某一个地方"不好用"时，首先会想到修改低代码平台，这里有 3 种修改方式。

- ❏ 业务团队提需求，让低代码团队负责修改。业务团队一定会考虑自己的使用场景，其需求通常是深度定制化的。这种情况下，如果低代码团队不够强势，那么低代码平台会从通用型低代码平台转变成专用型低代码平台，失去自己的初衷；如果太强势，在业务团队看来低代码团队太高冷，从而使团队之间产生隔阂。
- ❏ 业务团队根据自己的需求到代码仓库修改低代码平台的实现。业务团队不止一个，不同团队的编程能力也不同，如果都去修改同一份源码，那么低代码平台的源代码将变得杂乱不堪。
- ❏ 低代码团队给低代码平台提供扩展能力，各业务团队独立开发自己需要的定制化插件，将插件接入低代码内核，而那些不接入插件的团队对该插件无感知。

本书介绍的 vitis 基于插件化架构实现，可让业务团队能够自行开发插件以满足定制化需求。低代码平台的扩展点至少包含三大类。

1. 自定义组件

自定义组件是低代码平台最重要的扩展点之一。一般来说，低代码平台会提供内置组件集，这样做有两个好处：让低代码使用者快速体验低代码平台的能力；减少业务团队需要开发的组件数量。有些组件通用性强，不必每个业务团队都开发一遍，这类组件由低代码团队开发并将其设为内置组件集。这里有一个规律，通用性越强的组件，适用范围越广，其使用门槛越高，有些面向垂直领域的组件，虽然通用性低，但在它适用的那一亩三分地里，价值很高。

为了更多的业务团队愿意使用低代码平台，允许他们开发自己的业务组件势在必行。低代码内核除了要允许业务方用插件注入自定义组件外，还要提供无须封装插件便能往内核注入自定义组件的能力。

2. 自定义交互动作

可视化编程是低代码平台设计过程中最重要的一个环节，包含布局编辑和组件属性编辑。自定义组件扩展点可让业务方将自己的组件接入低代码平台，与之类似，业务方内部会累积一些程式化的交互动作去修改属性，将这些交互动作接入低代码平台能提高业务方用低代码 App 的开发效率。这些交互动作统称为属性设置器。当然，低代码团队还应该提供一些内置的属性设置器，这样不仅可以让低代码使用者快速体验产品，还可以减少业务方开发设置器的数量。

3. 定义数据模型

总体而言，现在的 App 都在与数据打交道，它的职责分为两类：生产数据和消费数据。在我国，近些年低代码才开始流行，各企业存在大量的存量系统，于是出现了低代码需要对接许多存量系统的局面，这也是我开发低代码时面对的情况。存量系统拥有自己的取数机制和迥异的数据模型，它们不可能为了适应低代码而修改，这时候针对存量系统开发专门的插件来取数能扩大低代码平台的使用边界。

为了使插件化系统能被很好地用起来，只将低代码平台设计成插件化架构还远远不够，我们至少还要提供脚手架让开发者在自己的电脑上调试插件和组件等。

4.7 历史记录管理

低代码有两类历史记录：一是编辑 App 期间产生的临时记录，这种记录能让低代码使用者撤销回退自己的操作；二是 App 编辑完成后产生的永久保存的版本。本节介绍两种历史记录管理的技术选型。

1. Git

有程序开发经验的读者大概没有不知道 Git 的，在纯代码开发领域，用 Git 做版本管理的案例随处可见。Git 是一个开源的版本管理工具，它轻量小巧，性能优越，自带一个用来保存历史记录的文件数据库。使用 Git 处理低代码 App 的版本，几乎不需要投入额外的研发资源去重新开发版本管理工具。另外，它还能统一纯代码 App 和低代码 App 的版本管理，低代码团队内部不需要接受新的概念。

　　本书介绍的 vitis 使用 Git+GitLab 作为 App 永久版本管理方案。实际上，Git 也能管理 App 在编辑过程中产生的临时记录，只是每次编辑操作完成后，都要请求服务端接口去保存 App 的编辑结果，撤销回退则需要请求服务端接口去获取历史记录。

　　假如你让 Git 作为版本管理方案，那么建议将低代码生成的每个 App 保存在独立的仓库中，这种做法能使 App 的数据相互隔离，提高安全性。更新 App 的版本时，不必担心影响其他 App 的数据。

2. UndoManager

UndoManager 是开源框架 Yjs（具有强大的共享数据抽象的 CRDT 框架）提供的用来完成历史管理的工具。与 Git 不同，它的所有工作都在客户端完成，临时记录的撤销回退不需要与服务器产生交互。

　　部分读者可能不了解 UndoManager，其详细用法可查看 Yjs 的文档，下面是简易的用法示例。

```
import * as Y from 'yjs'

const doc = new Y.Doc()
const ytext = doc.getText('text')
const undoManager = new Y.UndoManager(ytext)

ytext.insert(0, 'abc')
undoManager.undo()
ytext.toString() // => ''
undoManager.redo()
ytext.toString() // => 'abc'
```

 注意　Yjs 的查询地址：https://github.com/yjs/yjs。

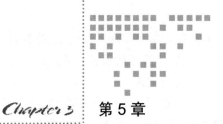

Chapter 5

第 5 章

低代码组件的设计与实现

上一章介绍了低代码平台由哪些部分组成，其中低代码组件是创建 App 的基石，这是首先要考虑的基础设施。本章将从编码的角度介绍低代码组件，希望为你开发低代码组件提供思路。

低代码组件由两部分组成，一是规格（Specification），二是实现（Implementation）。

❑ 规格：是一份被保存到 JSON 文件中的数据，用来描述组件的属性和行为。

❑ 实现：是一个函数或者类，负责渲染 HTML 元素。

前端工程师开发低代码组件的流程如图 5-1 所示。

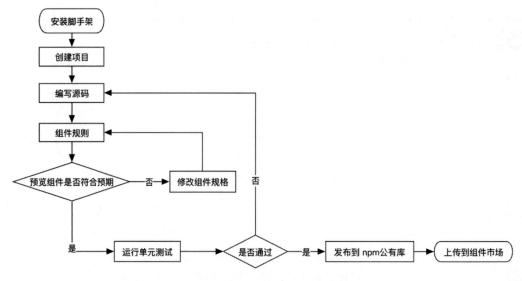

图 5-1　开发低代码组件的流程图

本章重点介绍组件规格包含的字段、开发脚手架的基本步骤，以及扫描组件源码生成规格的技术实现。

5.1　组件规格

组件规格位于低代码分层架构中的协议层，它是一份 JSON 数据，用来告诉低代码引擎组件接收哪些属性，该用怎样的方式配置这些属性。要想让低代码引擎正确使用组件，组件包必须携带组件规格。开发者开发完组件后，不必从头到尾编写组件规格，vitis 生态提供的开源项目 vitis-material-parser 可扫描组件源码并自动生成组件规格，然后将其保存到组件包的 asset/index.json 文件。接下来，开发者检查文件内容是否符合预期，若不符合，则修改内容直到符合。如下是一份组件规格示例。

```
{
    "componentName": "Row",
    "packageName": "vitis-lowcode-row",
    "title": "行",
    "iconUrl": "https://unpkg.com/vitis-lowcode-row@latest/img/icon.png",
    "description": "这是一个行组件",
    "docUrl": "https://unpkg.com/vitis-lowcode-row@1.0.0/docs/index.html",
    "version": "1.1.0",
    "props": [],
    "group": "layout",
    "advanced": {
        "nestingRule": {
            "parentWhitelist": [
                "Page"
            ],
            "childWhitelist": ["Column"]
        },
        "supports": {
            "styles": true,
            "validation": false,
            "linkage": false,
            "events": []
        },
        "component": {
            "isContainer": true,
            "containerType": "Layout",
            "isFormControl": false
        }
    }
}
```

 注意　vitis-material-parser 的源码位于 https://github.com/react-low-code/vitis-material-parser。

5.1.1 组件规格协议

前面曾多次提到，组件要想被 vitis 引擎使用，必须具备一份能被引擎识别的规格，引擎根据既定的规则解读组件规格。这里的规则被称为组件规格协议，由如下 3 部分组成。

❏ **基本信息**：包含组件名称、组件版本、npm 包名等。

❏ **props 描述信息**：包含属性名称、属性类型、属性默认值等。

❏ **增强能力配置信息**：包含组件的嵌套规则、校验规则、事件等。

1. 基本信息

基本信息包含的字段如表 5-1 所示。

表 5-1　基本信息包含的字段

字段	类型	字段含义	是否必填	备注
componentName	string	组件名	是	
packageName	string	组件的包名	是	
title	string	组件中文名	是	
iconUrl	string	组件缩略图链接	是	
description	string	组件的描述语	是	
docUrl	string	组件文档链接	否	
version	string	组件版本	是	
group	"base"|"layout"|"subjoin"|"template"	描述它该位于组件面板中的哪个区域	否	默认是 "subjoin"
children	array|undefined	嵌套的组件规格，只有模板才有这个字段	否	

2. props 描述信息

props 描述信息是一个数组，用于描述组件有哪些属性以及这些属性如何配置，包含的字段如表 5-2 所示。

表 5-2　props 描述信息包含的字段

字段	类型	字段含义	是否必填
name	string	属性名	是
propType	object	属性的数据类型	是
defaultValue	any	属性的默认值	否
description	string	属性的描述语	否
setter	object/array	属性设置器	是
isHidden	boolean	该属性是否在配置面板中隐藏	否

表 5-2 中提到的属性设置器用于配置组件的属性值，每个属性至少存在一个设置器，如果存在多个，那么低代码使用者在界面上可切换合适的设置器去配置组件的属性值。vitis 生态有一些默认设置器，组件开发者可根据实际情况按需取用。另外，组件开发者还能在组件包中开发定制化的设置器为自己所用。图 5-2 展示了什么是设置器。

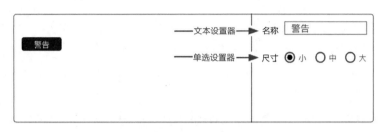

图 5-2　设置器示例

vitis 生态的默认设置器及其用途如表 5-3 所示。

表 5-3　vitis 生态的默认设置器及其用途

名称	用途
BoolSetter	布尔型数据的设置器
FunctionSetter	函数型数据的设置器
RadioGroupSetter	枚举型数据的设置器，以 radio 的形式展现
SelectSetter	枚举型数据的设置器，以下拉框的形式展现
StringSetter	短文本型数据的设置器
TextAreaSetter	长文本型数据的设置器，可换行
StyleSetter	样式设置器
NumberSetter	数字型设置器
JsonSetter	JSON 型设置器
ColorSetter	颜色设置器
VariableSetter	变量设置器
JSXSetter	JSX 设置器

3. 增强能力配置信息

增强能力配置信息描述了组件的嵌套关系、容器类型等，这些信息保存在 advanced 字段中，如表 5-4 所示。

表 5-4　增强能力配置信息包含的字段

字段	字段含义	数据类型
nestingRule	组件的嵌套关系。可以配置子组件或父组件的白名单	object
supports	包含 "组件支持的事件列表" "能否配置样式" 等多个属性	object
component	组件类型	object

　　总体而言，组件分为容器组件和非容器组件，非容器组件必须放置在容器组件中，它们是组件树的叶子节点。容器组件有 3 种，分别是布局容器组件、数据容器组件和页面容器组件，它们拥有自己的数据源，它们的后代组件能访问容器上的数据。

　　增强能力配置示例如下。

```
advanced: {
    // 组件的嵌套规则
    nestingRule: {
        // 父级组件白名单
        // 非容器组件必须放置在容器组件中
        parentList: ['Column'],
        // 子组件白名单
        // 若是空数组则说明其他组件不能放置在该组件中；若是 undefined 则说明其他组件能放置在
          该组件中
        childList: []
    },
    supports: {
        // 是否能配置样式
        styles: true,
        // 支持的事件列表，空数组意味着不支持任何事件
        events: ['onClick']
    },
    component: {
        // 是不是容器
        isContainer: true,
        // 容器类型
        containerType: 'Layout',
        // 是不是表单组件
        isFormControl: false,
    },
},
```

5.1.2　自动生成组件规格

　　组件的技术选型是 React+TypeScript（简写为 TS）。在常规的 TypeScript 应用程序中，typescript 模块通常作为构建工具把 TypeScript 代码转换成 JavaScript 代码。实际上 typescript 模块还导出了一些编译器 API，让开发者能以编程的方式处理 TypeScript 代码。在 vitis-material-parser 扫描源码生成组件规格的过程中，将重度使用这些 API。图 5-3 是生成组件规格的流程图。

　　图 5-3 中包含如下 3 个关键概念。

❑ Program：表示应用程序，用 ts.createProgram 方法创建，包含了所有源文件以及类型定义文件。

❑ SourceFile：包含源代码文本和抽象语法树。

❑ componentInfo：用开源项目 react-docgen-typescript 根据组件注释分析得出的组件信息。

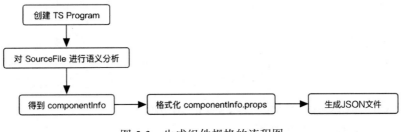

图 5-3　生成组件规格的流程图

1. 扫描组件源码

这里通过 3 个步骤得到一份名为 componentInfo 的数据。

（1）创建 TS 程序

在日常开发中，TS 程序由两部分组成，一是 tsconfig.json 文件，二是 TS 源代码文件。使用 typescript 模块的编译器 API 创建 TS 程序也需要这两部分。创建代码如下。

```
import ts from 'typescript'
import findConfig from 'find-config'
import fs from 'fs-extra'

// 下面的步骤都是为了获取 tsconfig.json 中的配置项
const tsConfigPath = findConfig('tsconfig.json', { cwd: process.cwd() })
const { config } = ts.readConfigFile(tsConfigPath, (filename) => {
    return fs.readFileSync(filename, 'utf8')
});
const { options } = ts.parseJsonConfigFileContent(config, ts.sys, process.
    cwd(), {}, tsConfigPath)

// 用 TS 源文件 + tsconfig.json 中的配置项创建 TS 程序
const program = ts.createProgram([filePath], options);
```

（2）对 SourceFile 进行语义分析

这一步先从 TS 程序中得到 Type Checker 和 SourceFile，再用 Type Checker 获取 ES modules 默认导出的 symbol，代码如下。

```
const sourceFile = program.getSourceFile(filePath);
const checker = program.getTypeChecker();

const symbol = checker.getSymbolAtLocation(sourceFile);
const exportSymbols = checker.getExportsOfModule(symbol);

// 得到默认导出的 symbol
let exportDefaultSymbol:ts.Symbol | undefined = undefined
```

```
for (let index = 0; index < exportSymbols.length; index++) {
    const sym: ts.Symbol = exportSymbols[index];
    // 排除命名导出
    if (sym.getName()!== "default") {
        continue;
    }
    exportDefaultSymbol = sym
    break;
}
```

（3）用 react-docgen-typescript 得到 componentInfo

这一步只有 3 行代码，具体如下。

```
import { Parser } from 'react-docgen-typescript';

const parser = new Parser(program, {})
const componentInfo = parser.getComponentInfo(exportDefaultSymbol, sourceFile);
```

没有提供文档注释的 children 属性不会出现在 componentInfo 中，componentInfo 的数据类型是 ComponentDoc。ComponentDoc 包含的字段如下。

```
interface ComponentDoc {
    displayName: string;
    description: string;
    props: Props;
    methods: Method[];
    tags?: {};
}
```

2. 格式化组件规格

到目前为止，扫描组件源码得到了 componentInfo，接下来开始处理 componentInfo 的 props 字段。props 是一个可索引的对象，包含组件的全部属性，数据类型如下。

```
interface Props {
    [propName: string]:  PropItem
}

interface PropItem{
    // 属性名
    name: string;
    required: boolean;
    // 属性类型
    type: {
        name: string;
        value?: any;
        raw?: string;
    };
    // 属性描述
    description: string;
```

```
    // 属性默认值
    defaultValue: any;
}
```

接下来将 componentInfo.props 从一个可索引的对象转换成数组，并为每个属性添加属性设置器。我们的目标数据类型如下。

```
// 目标数据类型
type FormattedProps = {
    name: string;
    // 设置器，SetterConfig 接口的定义见后文
    setter: SetterConfig | SetterConfig[];
    description: string;
    // 属性类型
    propType: PropType;
    defaultValue?: number | string | boolean | null;
    isHidden?: boolean;
}[]

// 这个接口用来描述属性的数据类型
interface PropType {
    type:'array' | 'bool' | 'func' | 'number' | 'object' | 'string' | 'node' |
        'element' | 'any' | 'oneOf' | 'oneOfType' | 'arrayOf'
    isRequired?: boolean;
    value?: PropType[] | PropType | Array<string | number | boolean>;
    [k: string]: any;
}
```

在转换的过程中，我们要处理的字段有属性的默认值、属性的数据类型和属性设置器。

（1）属性的默认值

由于组件规格最终被保存到 JSON 文件中，因此它必须是可 JSON 序列化的。扫描组件源码之后，函数将被转换成字符串的形式，TypeScript 代码不能直接在浏览器中运行，还要调用 typescript 模块的编译器 API 将 TypeScript 代码转换成 JavaScript 代码，具体如下。

```
import ts from 'typescript'

function transformCode(code: any) {
    if (typeof code !== 'string') return code
    // 将 TypeScript 代码转换成 JavaScript 代码
    let outputText = ts.transpileModule(code, { compilerOptions: { module:
        ts.ModuleKind.None, jsx: ts.JsxEmit.React, }}).outputText

    if (/;\n$/.test(outputText)) {
        return outputText.slice(0,-2)
    }
    else return outputText
}
```

上面的代码会把 (a: string) => {return a} 转换成 (function (a) { return a; })。

（2）属性的数据类型

格式化属性的数据类型比较烦琐，总体而言要用一个大的条件判断语句去处理各种取值。假如 componentInfo.props.size 的值如下。

```
{
    description: '大小',
    name: 'size',
    required: true,
    type: { name: 'number | "small" | "large"' },
    // 其他
}
```

只关注上述 type 字段和 required 字段的值，处理之后得到的结果如下所示。

```
{
    propType: {
        type: 'oneOfType',
        isRequired: true,
        //该属性的数据类型为 number | "small" | "large"
        value: [ 'number', '"small"', '"large"' ]
    }
}
```

propType 的取值参考了 prop-types 包导出的各个类型，如表 5-5 所示。

表 5-5　propType 的取值及其描述

propType 的取值	类型描述	参考的 prop-types 类型
array	数组类型	PropTypes.array
bool	布尔类型	PropTypes.bool
func	函数类型	PropTypes.func
number	数值类型	PropTypes.number
object	对象类型	PropTypes.object
string	字符串类型	PropTypes.string
node	React 可渲染的节点	PropTypes.node
element	React element	PropTypes.element
any	任意类型	PropTypes.any
{type: 'xxx', isRequired: true}	必填的类型	PropTypes.xxxx.isRequired
{type: 'oneOf',value: ['a', 'b', 'c']}	枚举值类型	PropTypes.oneOf(...)
{type: 'oneOfType',value:['string', 'number']}	指定类型中的一种	PropTypes.oneOfType(...)
{type: 'arrayOf',value: 'number'}	成员是特定类型的数组	PropTypes.arrayOf(...)
{type: 'objectOf',value: 'string'}	属性是特定类型的对象	PropTypes.objectOf(...)

（3）属性设置器

设置器的取值由属性的数据类型决定，比如，字符串属性的设置器为 StringSetter。每个属性至少有一个设置器，自动生成组件规格时，设置器与属性数据类型的对应关系如表 5-6 所示。

表 5-6　设置器与属性数据类型的对应关系

设置器	属性数据类型
StringSetter	string ｜ any
JsonSetter	array ｜ object ｜ arrayOf ｜ objectOf ｜ shape
BoolSetter	bool
FunctionSetter	func
NumberSetter	number
JSXSetter	node ｜ element
SelectSetter ｜ RadioGroupSetter	oneOf
多个设置器	oneOfType

组件规格中用来描述属性设置器的字段如下。

```
interface SetterConfig {
    /** 设置器的名称 */
    name: string;
    /** 是否使用组件包自带的设置器 */
    isUseSelf?: boolean;
    /** 传递给设置器的属性 */
    props?: object;
}
```

5.2　组件的消费方式

低代码组件最终被发布成 npm 包供低代码平台消费，组件被如何消费，取决于组件提供了哪些消费方式。不论开源组件还是闭源组件，开发方在编码之前都应仔细考量组件的消费方式，如果消费方式与使用方的预期严重不符，那么使用方很可能不会选择该组件。本节介绍组件有哪些消费方式，以及组件该如何提供这些消费方式。总体而言，组件有静态导入和动态加载这两种消费方式。

- ❑ **静态导入**：使用 ES6 规范引入 import 关键字导入组件，该规范要求组件是一个 ES6 规范的模块。静态导入适用于导入确定的模块。
- ❑ **动态加载**：动态加载指的是程序运行过程中按需加载组件。浏览器自身支持的动态加载有两种。第一种是动态嵌入脚本标签，引用远程资源的 URL，例如 JavaScript 或 CSS 文件；第二种是 ES 动态导入，用法是 import（'模块路径'）。

组件如何被消费？这里有一个不得不谈的问题：组件被打包成什么样的模块格式？在 JavaScript 中有如下 4 种模块格式。

1. AMD

AMD（Asynchronous Module Definition，异步模块定义）是为浏览器环境设计的，采用异步方式加载模块，但浏览器自身并不支持它。要加载 AMD 模块，必须使用特定的模块加载器，例如 RequireJS 和 curl.js 等。

常见的打包工具，比如 webpack、rollup 等，都能通过配置项将模块打包成 AMD 格式，借助这些工具，组件的开发者在编码时无须关注如何将模块定义为 AMD 格式，但组件使用方在消费组件时需要引入特定的模块加载器，用特定的语法去加载组件。使用 RequireJS 加载 AMD 格式的模块的代码如下：

```
require(['foo'], function(foo) {
    // 在这里使用 foo 模块中导出的内容
});
```

加载 AMD 模块时除了需要在 JS 文件中写入上述代码，还需要在 HTML 文件中用 script 标签引入 RequireJS 的 JS 资源。

2. CommonJS

CommonJS 是为服务端 JavaScript 设计的模块规范，它的一大特性是它属于同步加载模块，该特性适用于服务端应用程序，Node.js 是主要实践者。

回到本书介绍的案例。低代码组件应该选用 AMD 规范还是 CommonJS 规范？这取决于组件是否需要支持服务端渲染。本书不涉及服务端渲染，但不意味着用低代码生成的 App 不能实现服务端渲染。目前，客户端渲染是 Web 应用常见的展示方式，不过，有些企业考虑到搜索引擎优化或首屏渲染时长，会采用服务端渲染，因此低代码组件不一定只在客户端使用。

3. UMD

介绍完前面两类模块，一些读者可能会思考：是否存在一种既能这样又能那样的模块？ UMD（Universal Module Definition，通用模块定义）就是这类模块。UMD 主要用来解决 CommonJS 规范和 AMD 规范不能通用的问题，同时还支持老式的全局变量。

UMD 模块的代码如下。

```
(function (global, factory) {
    typeof exports === 'object' && typeof module !== 'undefined'
        ? module.exports = factory(require('react'))
        : typeof define === 'function' && define.amd
        ? define(['react'], factory)
        : (global = typeof globalThis !== 'undefined' ? globalThis : global ||
            self, global.vitisLowcodeInput = factory(global.React));
}(this, (function (React) { 'use strict';
```

```
    // 组件模块的代码
    return component;

}))) ;
```

UMD 规范的实现原理很简单：先判断是否存在 exports 和 module ，存在则认为这是 CommonJS 模块。再判断是否有 define 函数并且 define.amd 是否为真，有 define 函数且 define.amd 为真则认为这是 AMD 模块。如果前两步都不满足，则将模块公开到全局。

4. ES modules

ES modules 是 ECMAScript 推出的模块规范，可以认为它是 JavaScript 的"官方"模块规范，客户端 JavaScript 环境和服务器 JavaScript 环境已相继支持它。不管低代码组件需要在服务端使用还是只在客户端使用，选择 ES modules 模块规范将是趋势。值得注意的是，选择它需要考虑兼容性问题。

导入 ES 模块用到的关键字是 import，它根据模块路径将模块导入当前模块，模块路径又称模块说明符。模块说明符一共有 3 种类型，分别是相对路径、绝对路径和 bare（裸露）模式。

（1）相对路径

模块说明符是相对路径时，导入 ES 模块的代码如下。

```
import foo from './myModule.js'
import { sayName } from '../other_module.js'
```

相对路径的说明符以 / 、./ 、../ 开头，此时不能省略文件的扩展名。

也许有读者会问：为何我开发 Web 项目时，导入模块时省略了文件扩展名，程序依然能够运行？这是因为项目中使用了如 Webpack 这样的模块打包工具，它对源代码的写法做了处理。

（2）绝对路径

模块说明符是绝对路径时，导入 ES 模块的代码如下。

```
import React from 'https://cdn.skypack.dev/react'
```

上述代码表示从 CDN 导入 ES 模块。绝对路径是否能省略文件扩展名，与服务器的配置有关。

（3）bare 模式

模块说明符是 bare 模式时，导入 ES 模块的代码如下。

```
import React from 'react'
import Foo from 'react/lib.js'
```

bare 模式会从 node_module 中导入模块。在 Web 项目中，用 bare 模式导入模块很常见，但 ES modules 本身并不支持它。在代码里之所以能这样写，是因为使用了如 Webpack

这样的模块打包工具。

前面已经提到，我们不能确定低代码组件的使用环境，也就是说它既能在服务端使用也能在客户端使用。如果不考虑兼容性问题，你完全可以选用 ES modules 规范。本书希望覆盖更多的知识，因此我在设计低代码组件的方案时，选择将组件既打包成 UMD 格式，又打包成 ES modules 格式。

从组件模块的打包结果来看，它不仅有一个 index.min.js 文件，还有一个 index.esm.js 文件，前者是符合 UMD 规范的模块，后者是符合 ES modules 规范的模块。打包组件的工作由蚂蚁金服的开源项目 father 负责，组件开发者不必过多关注，只需给 father 的特定配置项赋值即可。

组件的代码以不同的模块规范被打包在两个不同的文件中，那么使用方消费组件时究竟该引入哪个文件呢？这与 package.json 文件中的 main 和 module 字段有关。我们要将 index.min.js 赋给 main 字段，将 index.esm.js 赋给 module 字段。如果组件使用方用 ES modules 的语法引入组件，例如 " import MyComponent from ' 组件路径 '"，模块系统将认为 module 字段对应的文件是组件的入口；如果用 AMD/commonjs 的语法引入组件，模块系统将认为 main 字段对应的文件是组件的入口。也就是说，只要使用方配置好程序的运行环境，模块系统将依据组件 npm 包的 package.json 中的字段去加载最合适的文件。

5.3　开发一个脚手架

vitis 生态中的脚手架名为 vitis-cli，它有如下 3 个命令。

❑ vitis-cli create：在当前目录创建一个新的组件项目。

❑ vitis-cli add：在已有的组件项目中，新增一个组件。

❑ vitis-cli setter：为组件开发属性设置器。

开发 vitis-cli 涉及 5 个知识点，分别是可执行的命令、交互数据收集、项目模板下载、模板引擎和抽象语法树，下面将分别介绍它们。

---

 vitis-cli 的源码位于 https://github.com/react-low-code/vitis-cli 处。

---

1. 可执行的命令

在 package.json 中添加一个 bin 字段，它指定了命令到文件名的映射。实现代码如下。

```
{
    "name": "vitis-cli",
    "bin": {
        "vitis-cli": "./index.js"
    },
```

```
    // something
}
```

当全局安装 vitis-cli 软件包之后，index.js 文件将被链接到全局 bins 的位置，使该文件可以通过 vitis-cli 命令来运行。接下来在 index.js 的第一行添加下面这行代码。

```
#!/usr/bin/env node
```

当运行 index.js 时，上述代码告诉 shell 用 node 来执行文件。

根据需求我们要给 vitis-cli 定义多个子命令，比如 vitis-cli create、vitis-cli add 等。这使用开源项目 Commander 来实现，代码如下。

```
const commander = require('commander');
const program = new commander.Command();

program
.command('create')
.action(() => {
    // 在 shell 中执行 vitis-cli create 命令时运行这里的代码
})
.allowUnknownOption()

program
.command('add')
.action(() => {
    // 在 shell 中执行 vitis-cli add 命令时运行这里的代码
})
.allowUnknownOption()

program.parse();
```

2. 交互数据收集

vitis-cli 创建项目时将收集用户在 shell 中的交互数据，比如组件英文名、组件中文名等。这使用开源项目 prompts 来实现，代码如下。

```
const prompts = require('prompts');
// 这是要询问用户的问题
const questions = [
        {
            type: 'confirm',
            name: 'confirmDir',
            message: () => `项目将创建在 vitis-component-packages 目录, 你确定吗？`,
            initial: true
        },
        {
            type: (prev) => prev === true ? 'text' : null,
            name: 'componentName',
            message: '请输入组件英文名, 例如：WarningText'
        },
```

```
        // 其他问题
    ]
    // 这是用户输入的答案
    const response = await prompts(questions)
```

vitis-cli 不会直接使用用户输入的数据，而是先将数据格式化，再判断输入的值是不合法。这里使用开源项目 validate-npm-package-name 判断 componentName 的值是不是一个合法的 npm 包名。

3. 项目模板下载

这一步使用开源项目 download-git-repo 将托管到 GitHub 上的项目模板下载到用户本地，代码如下。

```
const download = require('download-git-repo')
const repo = 'direct:https://github.com/react-low-code/vitis-component-
    template.git#master'
// 将模板下载到这里
const dir = path.resolve(process.cwd(), 'tmp')
download(repo, dir,{
    clone: true
}, (err) => {
    if (err) {
        // 在这里处理项目模板下载失败时要做的事
    } else {
    // 在这里处理模板下载成功之后要做的事
    }
})
```

4. 模板引擎

第 2 步收集了用户交互数据，这里使用开源项目 handlebars 将项目模板中的占位符替换成用户输入的数据。假如某模板文件的内容如下：

```
{
    "name": "{{projectName}}",
    "version": "1.0.0",
    "description": "这是一个{{componentTitle}}"
}
```

现在使用 handlebars 替换文件中的占位符，代码如下。

```
const Handlebars = require("handlebars");
const path = require('path')
const fs = require('fs-extra')

const packagePath = path.resolve(projectDir, 'package.json')
// 获取文件中的内容
const content = fs.readFileSync(packagePath, 'utf-8')
const template = Handlebars.compile(content);
```

```
// 用具体的值替换模板中的占位符
const fileContent = template({
    projectName: "vitis-lowcode-eg",
    componentTitle: " 示例 "
})
// 将处理之后的结果重新写入文件
fs.writeFileSync(packagePath, fileContent)
```

5. 抽象语法树

在 shell 中运行 vitis-cli setter 命令，收集到用户的交互数据之后，vitis-cli 将根据用户的输入为组件创建一个用于开发属性设置器的 React 文件。这一步需要修改现有的 TS 文件。假如现在 TS 文件的内容如下：

```
import stringSetter from './stringSetter'

export default {stringSetter}
```

运行 vitis-cli setter 之后，TS 文件的内容将变成如下形式。

```
import numberSetter from './numberSetter'
import stringSetter from './stringSetter'

export default {numberSetter, stringSetter}
```

这里要做两件事：第一，在文件开头插入一个 import 语句，这用字符串拼接即可实现；第二，在默认导出中新增一个属性，这需要访问并修改抽象语法树。下面通过 3 步修改抽象语法树并生成新的 TypeScript 代码。

（1）创建 SourceFile

在这里我们不必创建 TS 程序，而是简单地调用 typescript 模块的 createSourceFile 方法，代码如下。

```
const ts = require('typescript')

// 得到与 codeContent 对应的 sourceFile
const sourceFile = ts.createSourceFile('', codeContent, ts.ScriptTarget.
    ES2015,false);
```

（2）使用转换器修改抽象语法树中的节点

这一步将遍历第 1 步创建的 sourceFile，在抽象语法树中找到与导出语句对应的节点，然后修改导出的对象，代码如下。

```
const kind = require('ts-is-kind')
// 转换器
function transformer(ctx){
    const visitor = (node) => {
        if (!kind.isExportAssignment(node)) {
```

```
                    return ts.visitEachChild(node, visitor, ctx)
            } else {
                // 如果 node 是导出语句
                return updateExport(node, ctx)
            }
        }
    return (sf) => {
        return ts.visitNode(sf, visitor)
    }
}

function updateExport(node, ctx) {
    // 这个 node 是导出的对象
    const visitor = node => {
        // 创建一个属性节点
        const newProperty = ts.factory.createShorthandPropertyAssignment(ts.
            factory.createIdentifier('numberSetter'))
        // 将新建的属性节点添加到对象节点中
        return ts.factory.updateObjectLiteralExpression(node,[newProperty].
            concat(node.properties))
    }
    return ts.visitEachChild(node, visitor, ctx)
}

// 使用转换器修改抽象语法树中的节点
const result = ts.transform(sourceFile, [transformer]);
```

（3）用转换之后的抽象语法树生成源代码

这一步很简单，用如下 4 行代码即可实现。

```
const transformedSourceFile = result.transformed[0]
const printer = ts.createPrinter()
// 这是最终的源代码
const resultCode = printer.printFile(transformedSourceFile)
// 将源代码写入文件中
fs.writeFileSync(filePath, resultCode)
```

 注意 访问 https://en.wikipedia.org/wiki/Abstract_syntax_tree 了解抽象语法树的细节。

5.4 开发一个低代码组件

本节将借助 vitis-cli 介绍开发低代码组件时会涉及的内容。

1. 组件目录

开发组件的第一步是用 vitis-cli 创建项目，这里用到的命令是 vitis-cli create。每个低代码组件都有统一的目录结构。当用 vitis-cli 创建组件时，托管在 GitHub 上的通用项目模板将被下载到开发者的本地。

 注意 项目模板的源码位于 https://github.com/react-low-code/vitis-component-template 处。

低代码组件的目录结构如下。

```
vitis-component-packages // 项目根目录
├── .editorconfig
├── .gitignore
├── .prettierignore
├── .prettierrc.js
├── .umirc.ts
├── README.md // 项目的说明文档
├── lerna.json
├── package.json
├── packages // 组件源码目录
│   └── WarningText  // 组件目录
│       ├── .fatherrc.ts // 打包组件
│       ├── .umirc.ts
│       ├── package.json
│       ├── scripts
│       │   ├── genAsset.mjs // 生成组件规格
│       │   ├── upload.mjs // 将组件上传到组件市场
│       │   ├── build.mjs // 打包组件
│       │   └── utils.mjs // 工具方法
│       ├── src // 组件的源码目录
│       │   ├── setters // 属性设置器的源码目录（可以没有）
│       │   ├── README.md // 组件 Demo 和 API 文档
│       │   ├── component.tsx // 组件源码
│       │   ├── index.scss
│       │   ├── index.test.tsx
│       │   └── index.ts // 导出组件
│       └── tsconfig.json
├── src
│   ├── index.scss
│   └── index.tsx // 将组件集成在低代码引擎中进行预览
├── tsconfig.json
└── typings.d.ts
```

vitis-cli 创建的是一个 React + TypeScript 的 Monorepo 项目，该项目可以包含多个组件，每个组件都有独立的版本号，可单独发包。

如果读者用过 dumi 或 umi，那么对上述目录不会陌生。vitis 低代码组件选用的技术方案就是 dumi，组件项目中 father 负责构建组件，dumi 负责生成组件文档。

 注意 father（https://github.com/umijs/father）和 dumi（https://d.umijs.org/zh-CN）均为蚂蚁金服的开源项目。

2. 开发组件

组件开发完成后需要生成组件规格，这由项目预置的脚本自动完成，在该过程中通过 vitis-material-parser 扫描组件的源码，因此要求组件源码必须放置在规定的位置，即 packages/[name]/src/component.tsx 中。下面是示例组件的源代码。

```tsx
import React from 'react';
import styles from './index.scss'

interface Props {
    /*** 组件样式 */
    style?: React.CSSProperties;
    /*** 显示的文本 */
    text: React.ReactNode
}

export default React.forwardRef(function (props: Props, ref: React.
    ForwardedRef<HTMLDivElement>) {
    return <div className={styles.text} style={props.style} ref={ref}>{props.
        text}</div>
})
```

执行 vitis-cli 的命令创建组件后，上述代码将直接存放在组件的源码文件中，开发者根据自己的需求修改初始代码即可。这里对组件源码有两个要求。

❑ 给 props 接口中的字段写注释，这不仅可以生成对使用者友好的组件文档，还可以生成组件规格。

❑ 组件需要接收 Ref，并将其绑定到组件的根 dom 节点上，这是为了在设计态时拖曳组件能计算出组件的插入位置。

组件的 Demo 和 API 文档保存在 packages/[name]/src/README.md 中，其初始内容如下。

```tsx
# vitis-lowcode-demo

这是一个演示类组件

## Demo:

```tsx
import React from 'react';
import Demo from 'vitis-lowcode-demo';

export default () => <Demo>这是演示如何开发组件的 Demo</Demo>;
```

<API src="component.tsx"></API>
```

开发者根据组件的实际情况更新上述代码，编写更丰富的 Demo 样例。进入组件目录，在命令行执行 yarn start，浏览器将自动打开一个窗口让开发者调试组件 Demo。

低代码组件最终要被低代码引擎使用，因此组件在打包上传之前，开发者只查看 Demo 的运行情况还远远不够，而是应该在组件项目总目录下运行 yarn preview 查看组件在低代码引擎中的运行情况，确保无误后再将组件打包上传。这里再次提醒，一定要为组件生成组件规格，否则低代码引擎将无法使用组件。生成组件规格的命令为 yarn genAsset。

3. 开发属性设置器

vitis 低代码平台有内置的属性设置器，这部分设置器由低代码团队开发，各业务方按需取用即可。如果业务方要为组件的某个属性绑定定制化的设置器，那么这些设置器需要业务方自己开发。属性设置器将与低代码组件一同发布以供低代码引擎使用。

在组件项目总目录下运行 vitis-cli setter，根据提示输入信息之后，packages/[name]/src/setter 目录下将自动生成一个属性设置器的源代码文件，文件的初始内容如下。

```
import React from 'react'

interface SetterCommonProps {
    value: any;
    onChange: (val: any) => void;
}

interface SetterProps extends SetterCommonProps {
    // 在这里写设置器特有的 props
    [attr: string]: any;
}
function SwitchSetter(props: SetterProps) {
    return (
        <div> 我是属性设置器 </div>
    )
}
SwitchSetter.displayName = 'SwitchSetter'
export default SwitchSetter
```

总体而言，属性设置器是一个 React 组件，低代码使用者用引擎设计 App 时，设置器为他们提供修改组件属性值的接口，使用体验如同填写表单。属性设置器接收的 value 是属性的当前值，onChange 用来修改属性的当前值。

4. 单元测试

为程序编写单元测试是提高程序正确性的手段之一。vitis-cli 创建组件项目后，单元测试的源代码将直接存放在 packages/[name]/src/index.test.tsx 中，初始内容如下。

```
import '@testing-library/jest-dom';
import React from 'react';
import { render, screen } from '@testing-library/react';
import Component from './component';
```

```
describe('<Component />', () => {
    it('render Component with 在这里定义组件 ', () => {
        const msg = ' 在这里定义组件 ';

        render(<Component text={msg}/>);
        expect(screen.queryByText(msg)).toBeInTheDocument();
    });
});
```

开发者开发完组件后，按实际情况为组件编写单元测试，单元测试通过才能发布组件。

5. 发布组件

每一个 vitis 低代码组件都要单独发布，因此发布组件要进入特定的组件目录，用到的命令是 npm publish。组件的源代码最终被发布到 npm 公有库，vitis 只收集组件包名和版本号。

发布组件是组件开发的最后一步，在此之前要确保组件已经包含组件规格并且通过了单元测试，这两个限制由脚本强制把控。另外，为了确保组件能在引擎中良好运行，正式发布之前还应该在项目里预览组件的使用情况，这里用到的命令是 yarn preview。

5.5 组件市场

组件市场只对组件进行汇总，它只知道组件的包名和版本号，组件被开发完成之后，它的规格、实现以及文档都被发布到 npm 公有库，在此之后，vitis 使用 npm 的 CDN 托管服务，比如 unpkg，用包名＋版本号拼接出组件资源的 URL。unpkg 的拼接规则如下：

```
https://unpkg.com/${packageName}@${version}/ 这里是文件路径
```

如果组件的包名是 vitis-lowcode-warningtext，版本号是 2.0.2，那么组件规格的 URL 是 https://unpkg.com/vitis-lowcode-warningtext@2.0.2/asset/index.json，文档的 URL 是 https://unpkg.com/vitis-lowcode-warningtext@2.0.2/docs/index.html，实现的 URL 是 https://unpkg.com/vitis-lowcode-warningtext@2.0.2/dist/index.min.js。组件市场只展示组件列表和组件各版本的文档，vitis 系统的使用者从组件市场将组件挑选到自己的业务单元供引擎消费。组件的生产消费流程如图 5-4 所示。

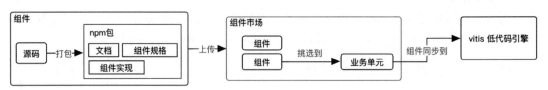

图 5-4 组件的生产消费流程

第 6 章 *Chapter 6*

低代码引擎的设计与实现

低代码引擎是低代码分层架构中最复杂的部分，其核心功能包含入料、设计、画布渲染。

- ❑ **入料**：向低代码引擎注入设置器、插件和组件。
- ❑ **设计**：对组件进行布局设置、属性设置以及增删改操作，产生符合页面搭建协议的 JSON Schema。
- ❑ **画布渲染**：将 JSON Schema 渲染成 UI 界面。为了贴近生产环境，这里给渲染器提供一个纯净的渲染环境，渲染器与设计器处于不同的 Frame 中。

低代码引擎的架构如图 6-1 所示

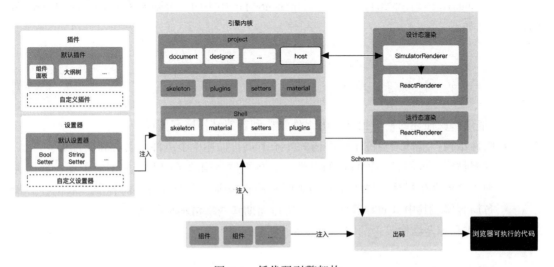

图 6-1 低代码引擎架构

低代码引擎并非与低代码平台绑定，而是被发布成单独的 npm 包，包名为 vitis-lowcode-engine，某特定低代码平台要想使用低代码引擎的能力，必须安装低代码引擎并调用低代码引擎提供的 API，这部分 API 由图 6-1 中所示的 Shell 统一管理。本章在介绍具体低代码引擎的实现之前，先介绍页面搭建协议。

 补充 vitis-lowcode-engine 的源码位于 https://github.com/react-low-code/vitis-lowcode-engine 处。

6.1 页面搭建协议

页面搭建协议用来约束设计器的输出，以及渲染器和编译器的输入。渲染器和编译器将在后文单独介绍，这里重点介绍协议。页面搭建协议的最顶层包含 5 个字段，如表 6-1 所示。

表 6-1 页面搭建协议最顶层包含的字段

字段	含义	数据类型
componentsTree	组件树描述	PageSchema
componentsMap	componentsTree 描述的组件与 React 组件的映射关系	Record<string,NpmInfo>
projectName	应用名	string
title	应用运行时 title 将显示在浏览器的标签上	string
description	应用的描述语	string

componentsTree 使用的组件必须在 componentsMap 中声明，否则无法正常渲染。NpmInfo 的接口定义如下。

```
interface NpmInfo {
    npm: string;
    version: string;
}
```

页面搭建协议描述的整个组件树由组件结构和容器结构嵌套构成。

❑ **组件结构**：组件结构位于组件树的叶子节点，描述单个组件的名称和属性等。
❑ **容器结构**：容器是一种特殊的组件，它在组件结构的基础上增加了对子集、数据源和生命周期的描述，减少了联动规则和校验规则。容器分为页面容器、数据容器和布局容器，其中页面容器可以设置生命周期和网络请求拦截器。

组件结构和容器结构包含的字段如表 6-2 所示。

表 6-2　组件结构和容器结构包含的字段

字段	类型	必填	说明
id	string	是	唯一标识，自动生成，在拖曳的过程中保持不变
componentName	string	是	组件名
packageName	string	是	组件所在的 npm 包的名称
isContainer	boolean	是	是不是容器
containerType	'Layout'|'Data'|'Page'	否	容器类型
isFormControl	boolean	否	是否为表单类组件
props	{[key: string]: PropValue;}	是	组件渲染时要传递给组件的信息
extraProps	ExtraProps	是	附加配置项，比如数据源、联动规则和校验规则等，组件渲染时不需要传递给组件
children	array	是	子组件，非容器结构的 children 为空数组
interceptors	Interceptors	否	页面容器的网络请求拦截器
lifeCycles	LifeCycles	否	页面容器的生命周期

后文介绍设计器的具体实现时将详细介绍表 6-2 所示中各字段的作用。符合页面搭建协议的 JSON Schema 示例如下。

```
{
    "componentsTree": {
        "containerType": "Page",
        "componentName": "Page",
        "isContainer": true,
        "id": "def1367",
        "children": [
            {
                "componentName": "Row",
                "packageName": "vitis-lowcode-row",
                "containerType": "Layout",
                "isContainer": true,
                "id": "def134",
                "props": {},
                "children": [
                    {
                        "componentName": "Column",
                        "packageName": "vitis-lowcode-column",
                        "props": {},
                        "isContainer": true,
                        "id": "def135",
                        "containerType": "Layout",
                        "extraProps": {},
                        "children": [
                            {
                                "componentName": "Select",
                                "packageName": "vitis-lowcode-select",
```

```
                              "props": {"label": " 性别 "},
                              "extraProps": {"name": "sex"},
                              "isFormControl": true,
                              "id": "def136"
                          }
                      ]
                  },
                  {
                      "componentName": "Column",
                      "packageName": "vitis-lowcode-column",
                      "props": {},
                      "isContainer": true,
                      "containerType": "Layout",
                      "children": [],
                      "id": "def137",
                      "extraProps": {}
                  }
              ],
              "extraProps": {}
          }
      ],
      "lifeCycles": {},
      "interceptors": {
          "request": {
              "type": "JSFunction",
              "value": "function request(config) {config.headers.dd = '344';
                  return config}"
          },
          "response": {
              "type": "JSFunction",
              "value": "function responseInterceptor(responseData){ return
                  responseData.data }"
          }
      },
      "extraProps": {}
  },
  "componentsMap": {
      "vitis-lowcode-row": {
          "name": "vitis-lowcode-row",
          "version": "1.1.0"
      },
      "vitis-lowcode-column": {
          "name": "vitis-lowcode-column",
          "version": "1.1.0"
      },
      "vitis-lowcode-select": {
          "name": "vitis-lowcode-select",
          "version": "1.1.0"
      }
  },
```

```
    "projectName": "demo",
    "description": "这是一个demo",
    "title": "Demo"
}
```

6.2　入料模块

入料模块的职责是向设计器注入插件、属性设置器和组件，它的工作是收集外部资源。低代码引擎向外暴露的 API 主要与入料模块有关。

6.2.1　插件

vitis 生态有一些默认插件，比如组件面板、大纲树和撤销 / 恢复插件等。插件是一个函数，格式如下。

```
import { PluginContext } from 'vitis-lowcode-types'
function myPlugin(context: PluginContext, options: any) {
    return {
        init() {
            // 在这里调用context上的API往低代码引擎添加功能
        },
        destroy() {
            // 插件被销毁时调用
        }
    }
}
// 插件名在整个引擎中唯一
myPlugin.pluginName = 'MyPlugin'
```

vitis-lowcode-engine 将插件相关的 API 放在 plugins 命名空间中，接口如下。

```
interface PluginManagerSpec {
    // 注册插件
    register(pluginConfigCreator: PluginConfigCreator , options?: any):
        Promise<void>;
    delete(pluginName: string): Promise<boolean>
    has(pluginName: string): boolean
    get(pluginName: string): LowCodePlugin | undefined
    getAll(): Map<string, LowCodePlugin>
}
```

注册插件时执行插件的 init 函数，并将插件收集到低代码引擎内部的变量中。访问 https://github.com/react-low-code/vitis-lowcode-engine/blob/master/packages/engine/src/shell/plugins.ts 可查看与插件相关的更多细节。访问 https://github.com/react-low-code/vitis-lowcode-engine/tree/master/packages/default-ext/src/plugin 可查看 vitis 生态的默认插件。

6.2.2 属性设置器

属性设置器简称设置器，用于设置组件的属性值。引擎使用的设置器必须先注册到低代码引擎。设置器能发布成单独的 npm 包，也能与组件一起发布。单独发布的设置器能被所有组件使用，与组件一起发布的设置器只能被该组件使用。设置器是一个 React 组件，格式如下：

```
import { SetterCommonProps } from 'vitis-lowcode-types'
interface Props extends SetterCommonProps {
    // 在这里写设置器特有的props
    [attr: string]: any;
}

function MySetter(props: Props ) {
    return (
        <input value={props.value} onChange={props.onChange} />
    )
}
```

vitis-lowcode-engine 将设置器相关的 API 放在 setters 命名空间中，接口如下。

```
interface SettersSpec {
    // 注册设置器
    register(setter: RegisteredSetter | RegisteredSetter[]): void
    getSetter(name: string): RegisteredSetter | undefined
    getAll(): Map<string, RegisteredSetter>
    hasSetter(name: string): boolean
}
```

注册设置器时只需将设置器收集到低代码引擎内部的变量中，后续使用时再从变量中取值，6.3.2 节将单独介绍如何利用设置器修改属性值。访问 https://github.com/react-low-code/vitis-lowcode-engine/blob/master/packages/engine/src/shell/setters.ts 可查看与设置器相关的更多细节，访问 https://github.com/react-low-code/vitis-lowcode-engine/tree/master/packages/default-ext/src/setters 可查看 vitis 生态的默认设置器。

6.2.3 组件

组件至少包含两部分：一个是规格（Specification），另一个是实现（Implementation），它们都保存到 npm 包中。引擎消费组件需要分别加载组件规格和组件实现。

1. 加载组件规格

低代码引擎的宿主环境主动调用低代码引擎提供的 API 加载组件规格。相关的 API 位于 vitis-lowcode-engine 的 material 命名空间中，接口如下。

```
interface MaterialSpec extends EventEmitter{
```

```
    // 加载组件规格
    load(infos: NpmInfo[]): Promise<boolean[]>
    addComponentSpec(packageName: string, spec: ComponentSpecRaw): void;
    has(packageName: string): boolean
    get(packageName: string): ComponentSpecRaw | undefined
    getAll(): Map<string, ComponentSpecRaw>
}

interface NpmInfo {
    npm: string;
    version: string;
}
```

加载组件规格要做两件事，一个是从 npm 包中加载规格 JSON 文件，另一个是用 JOSN 文件的内容生成 ComponentSpec 实例。

1）加载 JSON 文件的方法如下。

```
const promiseSettledResult = await Promise.allSettled(infos.map(async info => {
    // 用 fetch 方法加载 JSON 文件
    const response =  await fetch(`https://unpkg.com/${info.npm}@${info.
        version}/asset/index.json`)

    return {
        info,
        text: await response.text()
    }
}))
// 做一些其他处理
// 触发事件，通知 JSON 文件加载完成
material.emit(ASSET_UPDATED, loadedInfos)
```

2）ComponentSpec 实例。每个组件都有一个 ComponentSpec 实例，它是完成页面设计的基础，描述了组件可配置的属性和嵌套规则等。ComponentSpec 实例的类型如下。

```
interface ComponentSpec {
    // 与属性配置面板关联的配置项
    configure: FieldConfig[] = [];
    // 组件规格原始数据
    rawData: ComponentSpecRaw
    // 附加配置项
    extraProps: NodeSchema['extraProps']
    // 父级白名单
    parentWhitelist?: string[]
    // 子级白名单
    childWhitelist?: string[]
    // 组件名
    componentName: string
    // 组件添加到画布之后能否被删除
    unableDel: boolean
    // 组件添加到画布之后能否被复制
```

```
    unableCopy: boolean
    // 组件添加到画布之后能否被移动
    unableMove: boolean
    // 组件 title
    title: string
    // 组件的初始 schema
    schema: NodeSchema | NodeSchema[]
    // 该组件能否让另一个组件作为子组件
    isCanInclude(componentSpec: ComponentSpec): boolean
}
```

2. 加载组件实现

组件实现是一段 JavaScript 代码，负责渲染 HTML 元素。在这里使用 script 标签加载，加载成功之后低代码引擎会收集 React 组件，并注册组件包自带的设置器（可选）。简化的实现代码如下。

```
interface Setters {
[attr: string]: React.ComponentType
}
// 用 script 标签加载 js 代码
function loadScript(url: string, exportName: string): Promise<{setters: Setters,
    component: React.ComponentType}> {
    return new Promise((resolve, reject) => {
        const script = document.createElement('script');

        script.onload = () => {
            if ((window as any)[exportName]) {
                const { setters } = (window as any)[exportName];
                // 如果组件有自带的设置器
                if (setters) {
                    resolve({
                        setters,
                        component: (window as any)[exportName].default,
                    });
                }
                // 如果组件没有自带的设置器
                else {
                    resolve({
                        setters: {},
                        component: (window as any)[exportName],
                    });
                }
            } else {
                reject();
            }
        };

        script.src = url;
        script.async = false;
```

```
        document.head.appendChild(script);
    });
}

const {setters, component } = await loadScript('https://unpkg.com/vitis-lowcode-
    warningtext@1.1.2/dist/index.min.js', 'vitisLowcodeWarningtext')
```

上述代码简单描述加载组件实现的原理。组件被加载完成之后系统会判断组件包是否携带设置器，如果是，则需要将设置器注册到引擎内部。这里要注意加载组件将在渲染器环境中进行。

> 补充 低代码引擎除了有组件的概念外，还有模板的概念。与组件一样，模板会被发布成 npm 包，但它没有具体的实现，只有规格，在其规格中描述了模板包含的组件，比如 vitis-lowcode-layoutcelldouble 是一个模板，而非组件。

6.2.4　引擎面板

vitis 的低代码引擎在面板中预置了 6 个插槽，宿主环境可以根据需求往插槽插入自己的内容。面板的插槽区如图 6-2 所示。

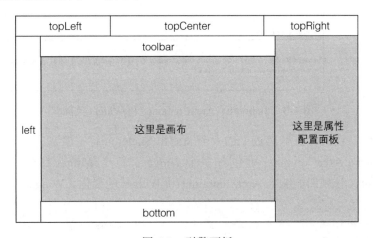

图 6-2　引擎面板

vitis-lowcode-engine 将引擎面板相关的 API 放在 skeleton 命名空间中，接口如下。

```
interface SkeletonSpec {
    add(config: WidgetConfig): WidgetSpec | undefined;
    remove(area: WidgetConfigArea, name: string): boolean
}
```

往插槽插入内容，示例代码如下。

```
import { skeleton } from 'vitis-lowcode-engine';
skeleton.add({
    area: 'topRight',
    name: 'preview',
    // 这是 React 组件
    content: () => (
<button onClick={onPreview}> 预览 </button>
    ),
});
```

与引擎面板相关的类有 3 个，分别是 Skeleton、AreaContainer 和 Widget，UML 类图如图 6-3 所示。

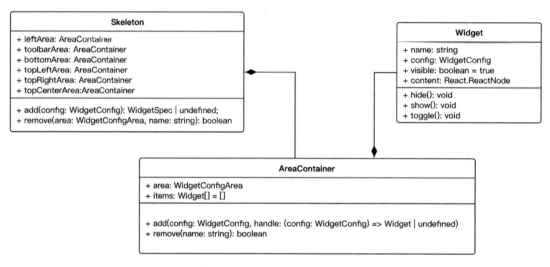

图 6-3　Skeleton、AreaContainer 和 Widget 类图

由图 6-3 可以看出，引擎面板上的 6 个插槽由 Skeleton 统一管理，每个插槽都对应一个 AreaContainer，AreaContainer 可包含多个 Widget，每个 Widget 都有一个 React 组件。状态管理库 MobX 让视图能响应 AreaContainer 和 Widget 的变化。Widget 的代码如下。

```
import { createElement } from 'react'
import { WidgetConfig, WidgetSpec } from 'vitis-lowcode-types'
import { makeAutoObservable } from 'mobx';

class Widget implements WidgetSpec {
    constructor(name: string, config: WidgetConfig) {
        this.name = name
        this.config = config
        // 使用 MobX 让对象可被观察
        makeAutoObservable(this, {
            config: false,
            name: false
        })
```

```
    }
    // 得到 Widget 对应的 JSX
    get content() {
        return createElement(this.config.content, this.config.contentProps)
    }
}
```

将插槽中的组件显示到界面上，以 left 插槽为例，代码如下。

```
import { observer } from 'mobx-react'
interface Props {
    items: WidgetSpec[]
}

@observer
export default class LeftArea extends React.Component<Props, {}> {
    render(){
        return (
            <div className='leftArea'>
                // 访问 Widget 的 JSX
                {this.props.items.map(item => <div className='item'>{item.
                    content}</div>)}
            </div>
            )
    }
}
// 使用 LeftArea 组件
<LeftArea items={this.props.skeleton.leftArea.items}/>
```

访问 https://github.com/react-low-code/vitis-lowcode-engine/tree/master/packages/engine/src/skeleton 可查看与引擎面板相关的更多细节。

6.3　渲染器环境

渲染器环境不能等同于渲染器，它是渲染器的宿主。渲染器是一个单独的 npm 包，它接受 Schema，最终将 Schema 描述的 App 显示在界面上，其细节将在第 7 章单独介绍。

为了使渲染器和设计器不相互污染，当 App 处于设计态时，渲染器环境和设计器环境处于不同的 Frame 中，本节将介绍设计器环境如何唤起渲染器环境，还介绍它们如何持有对方的能力，最后介绍设计器环境如何通知渲染器环境刷新画布。

6.3.1　唤起渲染器环境

对设计器环境而言，渲染器环境是一个用 iframe 内嵌的网页，iframe 元素的常见用法是将它的 src 属性设置成固定的 URL。但渲染器环境没有固定的 URL，所以这里使用一种不常见的用法，即调用 document.write 方法给 iframe 写入要加载的内容。

设计器环境唤起渲染器环境的流程如图 6-4 所示。

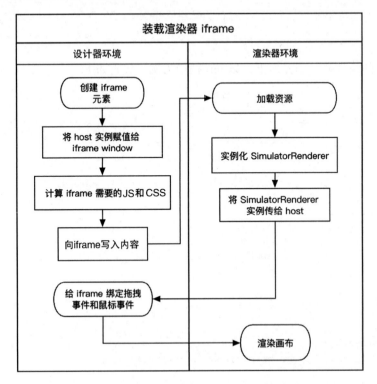

图 6-4　设计器环境唤起渲染器环境的流程图

设计器环境调用 iframe 加载渲染器环境，但它不关心渲染器如何完成画布渲染。调用 iframe 的代码如下。

```
<iframe
    name="SimulatorRenderer"
    className="vitis-simulator-frame"
    style={frameStyle}
    ref={host.mountContentFrame}
/>
```

由上述代码可见，往 iframe 写入内容发生在 host.mountContentFrame 方法中，具体的细节见 https://github.com/react-low-code/vitis-lowcode-engine/blob/master/packages/engine/src/project/host.ts，代码片段如下。

```
this.frameDocument!.open()
this.frameDocument!.write(
    `<!doctype html>
    <html class="engine-design-mode">
        <head>
```

```
            <meta charset="utf-8"/>
            // 这里是渲染器环境要加载的 CSS 样式脚本
            ${styleTags}
        </head>
        <body>
            // 这里是渲染器环境要加载的 JS 脚本
            ${scriptTags}
        </body>
    </html>`
)
    this.frameDocument!.close()
// 监听 iframe 加载成功和加载失败的事件
this.frameWindow!.addEventListener('load', loaded);
this.frameWindow!.addEventListener('error', errored);
```

为了让渲染器环境能成功地将 App 显示在画布上，上述 scriptTags 至少包含 react、react-dom、simulator-renderer 和低代码组件的实现。在开发阶段，simulator-renderer 的 JS 脚本地址是 http://localhost:5555/js/simulator-renderer.js，发布之后改成 simulator-renderer npm 包的 JS URL。

到目前为止，也许你还不完全明白渲染器环境究竟是什么。它是一个 Web 项目，和日常开发中使用 npm run dev 启动的项目是一个概念，不过，它不通过浏览器标签页直接打开，而是由 iframe 打开。simulator-renderer 的目录结构如下。

```
simulator-renderer
├── @types
├── build.plugin.js
├── build.umd.json
├── package.json
├── src
│   ├── emptyComponent
│   ├── index.less
│   ├── index.ts // 入口文件
│   ├── reactInstanceCollector.ts
│   ├── renderer.tsx
│   ├── store.ts
│   ├── utils.ts
│   └── view.tsx
└── tsconfig.json
```

当渲染器环境的外部资源加载成功后，上述 src/index.ts 中的代码会开始执行，它把渲染器环境提供的实例对象暴露出去供设计器环境访问。

6.3.2　与设计器环境通信

设计器环境与渲染器环境同源，因此不受浏览器跨域限制，在 vitis 中，它们之间的通信可以理解为：持有对方的变量，从而调用对方的 API 来完成自己的功能。

1. 设计器环境持有渲染器环境的 API

渲染器环境提供的 API 主要是帮助设计器环境获取低代码组件的位置，接口如下。

```
interface SimulatorSpec {
    /**
    * 渲染画布
    */
    run(): void
    /**
    * 获取离定位点最近的 Node
    */
    getClosestNodeIdByLocation(point: Point): string | undefined
    /**
    * 获取给定 Node 在浏览器窗口中的位置
    */
    getNodeRect(id: string): DOMRect | undefined
    /**
    * 重新渲染
    */
    rerender(): Promise<void>
    /**
    * 获取 DOM 元素的 Node id
    */
    getNodeIdByDOMElem(elem: HTMLElement): string | undefined
}
```

渲染器环境入口文件的代码如下。

```
import renderer from './renderer'
import './index.less'

if (window) {
    window.SimulatorRenderer = renderer
}

export default renderer
```

设计器环境使用 frame.contentWindow.SimulatorRenderer 访问上述代码的 renderer 实例，以此访问渲染器环境提供的 API。

2. 渲染器环境持有设计器环境的 API

设计器环境给渲染器环境提供了一些用于完成画布渲染的 API，具体如下。

```
interface HostSpec {
    /**
    * 设计器环境的 Project 实例，渲染器从中读取文档的 JSON Schema 和 React 组件
    */
    project: {
        designer: {
```

```
            componentImplMap: Map<string, ElementType>
        }
        schema: PageSchema
    }
}
```

设计器环境能访问 frame.contentWindow.SimulatorRenderer 来持有渲染器环境的 API，反过来，渲染器环境要如何持有设计器环境的 API 呢？很简单！设计器环境将它的 API 赋给渲染器环境的全局变量即可，代码如下。

```
frame.contentWindow.LCSimulatorHost = {...}
```

在渲染器环境通过 window 便能访问设计器环境提供的 API，代码如下。

```
export function getHost() {
    return window.LCSimulatorHost as HostSpec
}
```

6.3.3　重新渲染画布

当设计器环境提供的 Schema 变化时，渲染器环境要重新渲染画布，使最新的结果显示在界面上。重新渲染画布需要设计器环境主动调用渲染器环境提供的 rerender 方法。该方法的返回值是 Promise，当画布上的低代码组件被装载之后，该 Promise 的状态变为 resolved，此时设计器环境能获取画布上低代码组件的位置信息。

本小节介绍 rerender 方法如何保证画布上的低代码组件都装载之后，返回值的状态变为 resolved，这里用到的知识点有 useEffect、MobX 和 Promise。

1）创建一个可被 MobX 观察的对象，代码如下。

```
const observerData = observable<Pick<IRendererProps ,'components' | 'schema'>>({
    components: host.project.designer.componentImplMap,
    schema: host.project.schema
})
```

2）创建 deferUtil 对象，代码如下。

```
class DeferUtil {
    private renderResolveHandler: Function | undefined
    waitMounted() {
        return new Promise(resolve => {
            this.renderResolveHandler = resolve
        })
    }
    resolvedRender() {
        if (this.renderResolveHandler) {
            this.renderResolveHandler()
        }
```

```
    }
}

export const deferUtil = new DeferUtil()
```

上述代码的目的是创建一个 promise 对象，并保存它的 resolve 方法，使该方法能在合适的时候被调用。

3）实现渲染器环境提供的 rerender 方法，代码如下。

```
rerender = async () => {
    observerData.components = host.project.designer.componentImplMap,
    observerData.schema = host.project.schema
    await deferUtil.waitMounted()
}
```

rerender 方法的作用是修改 observerData 的值，并且返回一个 promise 对象。

4）在 React 组件中使用第 1 步创建的可观察对象，代码如下。

```
// 这是渲染器
import { Renderer } from 'vitis-lowcode-renderer'

export default observer((props: Props) => {
    useEffect(() => {
        deferUtil.resolvedRender() // line A
    }, [observerData.schema])

    return <Renderer {...props} {...observerData}/>
})
```

当 observerData 发生变化时，上述 Renderer 组件将被重新渲染，等低代码组件被全部装载到界面之后，line A 所在的代码将执行，它将 rerender 方法的返回值变为 resolved。

6.4 设计器

设计器的主要功能是增删组件、拖曳组件以及设置组件的属性，可以将它们类比为操作 DOM 树上的节点。本节将着重介绍如下两方面内容。

❑ **拖曳定位**：拖曳过程中探测组件的可插入点。
❑ **设置组件的属性**：选中组件利用属性设置器修改属性值。

6.4.1 对象建模

浏览器运行的网页，至少包括一个全局变量 window。window 上有 document 和其他对象。document 管理了所有的 DOM 节点，每个 DOM 节点有自己的属性。低代码引擎也按类似的结构建模，包含的实例对象主要有 Skeleton、Project、DocumentModel、Node、Props、Prop、Designer、ComponentSpec、Dragon、Host 和 SettingTopEntry 等，它们的职责如下：

- ❏ Skeleton：管理引擎面板上的所有插槽，该实例在 6.2.4 节已经介绍过。
- ❏ Project：提供项目管理能力，通过它能访问除 Skeleton 之外的所有实例。引擎启动之后将自动创建一个 Project 实例，它有且仅有一个 Project 实例。Project 包含一个 DocumentModel 实例，它们是一对一的关系。
- ❏ DocumentModel：提供文档管理能力，每个应用对应一个 DocumentModel 实例。它包含一个由 Node 组成的树，类似于 DOM 树。访问 DocumentModel 实例的 schema 属性即可导出整个文档的 JSON Schema。
- ❏ Node、Props 和 Prop：在画布上显示的低代码组件将被转化成 Node，每个 Node 都对应一个画布上的低代码组件，Node 和 Props 是引擎的基石几乎贯穿所有模块。Props 用来管理 Node 的 props 和 extraProps 属性，Prop 用来管理 props 和 extraProps 下每个字段的内容，Node 与 Props 是 1 对 1 的关系，Props 与 Prop 是一对多的关系。
- ❏ Designer：提供页面设计能力，它将 Host、Dragon 和所有的 ComponentSpec 实例组合在一起。
- ❏ Host：作为设计器和渲染器的桥梁，使处于不同 Frame 的设计器和渲染器能访问彼此，完成相应功能。
- ❏ Dragon：提供组件拖曳能力，包括将组件从组件面板拖曳到画布，也包括对画布内的组件进行拖曳。
- ❏ ComponentSpec：它是进行页面设计的基础，描述组件支持的属性，以及组件的嵌套规则等。
- ❏ SettingTopEntry：将属性设置面板与 Node 关联，每个 Node 都有一个 SettingTopEntry 实例。

低代码引擎包含的实例远不止这些，在这里不一一列举，上述实例的 UML 类图如图 6-5 所示。

6.4.2　拖曳定位

由前文已经知道，渲染器和设计器处于不同的 Frame 中，因此拖曳组件，不仅涉及在同一个 Frame 中拖曳，还涉及跨 Frame 拖曳。拖曳定位指的是当组件被拖曳到画布区域时，界面上显示组件最近的可放置位置，这是一个与设计器强相关的功能，因此它与设计器处于同一个 iFrame，效果如图 6-6 所示。

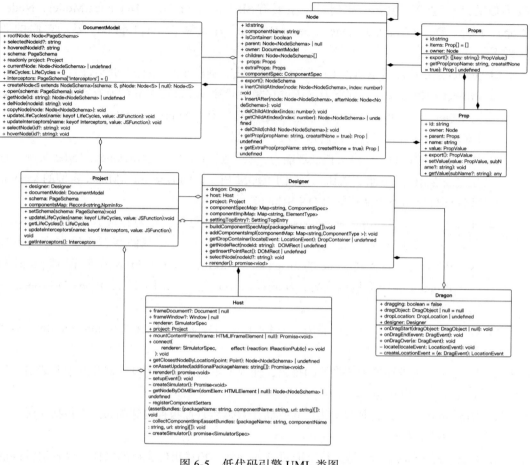

图 6-5 低代码引擎 UML 类图

图 6-6 组件可放置位置

图 6-6 中所示的点画线指示了被拖曳组件最近的可放置点，点画线对应的 DOM 元素与画布位于不同的 iFrame。图 6-6 所示的视觉效果涉及的知识点包含如下 4 个。

❑ Ref：给渲染器中的低代码组件设置 ref 属性，当其装载到界面之后即可得到组件的 DOM 节点。

❑ Element.getBoundingClientRect：用这个 API 计算 DOM 元素的位置信息，从而计算出拖曳过程中鼠标经过的低代码组件。

❑ 绝对定位：用 CSS 绝对定位将与图 6-6 所示点画线相关的 DOM 元素叠放在画布区域上。

❑ HTML5 拖曳事件：让低代码组件能够被拖曳。

低代码组件的拖曳能力由 Dragon 实例提供，与拖曳相关的概念有如下 3 个。

❑ DragObject：被拖曳的对象，指代画布中的低代码组件或组件面板上的低代码组件。

❑ LocationEvent：携带的信息包含被拖曳的对象和拖曳过程中产生的坐标信息。

❑ DropLocation：被拖曳对象在画布上最近的可放置点。

DragObject 是一个联合类型，拖曳不同位置的低代码组件，所涉类型也不同。接口类型定义如下。

```
interface DragNodeObject {
        type: DragObjectType.Node; // 被拖曳的是画布中的低代码组件
        node: Node;
    }
interface DragNodeDataObject {
        type: DragObjectType.NodeData; // 被拖曳的是组件面板上的低代码组件
        data: ComponentSpec;
    }

type DragObject = DragNodeObject | DragNodeDataObject
```

设计器用 LocationEvent 来计算被拖曳对象最近的可放置点，其接口类型定义如下。

```
interface LocationEvent {
    dragObject: DragObject,
    originalEvent: DragEvent,
    clientX: number,
    clientY: number
}
```

上述接口的 clientY 和 clientX 来自 DragEvent 对象，用来计算画布中离鼠标最近的 Node，这里的 Node 指的是在画布上渲染的低代码组件。

DropLocation 是拖曳操作要计算的结果，接口类型定义如下。

```
interface DropLocation {
    // 被拖拽对象可放置的容器
    containerNode: Node;
    // 被拖拽对象在容器中的插入点
    index: number;
}
```

以拖曳组件面板中的低代码组件为例，在画布区域显示组件最近的可放置点，总体而言，需经历 6 个步骤。

1. 绑定拖曳事件

给 iFrame 和组件面板中的低代码组件绑定拖曳事件，得到 DragObject，代码片段如下。

```
// 给组件面板上的低代码组件绑定 dragStart 事件
```

```
<div draggable={true} onDragStart={() => onDragStart(item.packageName)}>xxx</div>
// 当组件开始拖曳时
const onDragStart = (packageName: string) => {
    dragon.onNodeDataDragStart(packageName)
}


// 给 iFrame 绑定 dragover 事件，当拖曳操作处于画布区域时连续触发
this.frameDocument?.addEventListener('dragover', (e: DragEvent) => {
        e.preventDefault()
        this.project.designer.dragon.onDragOver(e)
})
```

2. 获取拖曳过程中的 LocationEvent

LocationEvent 将在 iFrame 的 dragover 事件处理程序中实时获取，代码如下。

```
onDragOver = (e: DragEvent) => {
        // 获取 LocateEvent 的过程只是简单的取值
        const locateEvent = this.createLocationEvent(e)
}


createLocationEvent = (e: DragEvent): LocationEvent => {
        return {
                dragObject: this.dragObject,
                originalEvent: e,
                clientX: e.clientX,
                clientY: e.clientY
        }
}
```

3. 获取离鼠标最近的 Node

Node 被装载在渲染器环境中，只有 SimulatorRenderer 实例知道它们的位置，因此这一步需要调用 SimulatorRenderer 提供的 getClosestNodeIdByLocation 方法，getClosest-NodeIdByLocation 的代码如下。

```
getClosestNodeIdByLocation = (point: Point): string | undefined => {
        // 第一步：找出包含 point 的全部 DOM 节点
        const suitableContainer = new Map<string, DomNode>()
        for (const [id, domNode] of reactDomCollector.domNodeMap) {
                const rect = this.getNodeRect(id)
                if (!domNode || !rect) continue
                const { width, height, left, top } = rect
                if (left < point.clientX && top < point.clientY && width + left >
                    point.clientX && height + top > point.clientY) {
                        suitableContainer.set(id, domNode)
                }
        }
        // 第二步：找出离 point 最近的 DOM 节点
        const minGap: {id: string| undefined; minArea: number} = {
```

```
        id: undefined,
        minArea: Infinity
    }
    for (const [id, domNode] of suitableContainer) {
        const { width, height } = domNode.rect
        if (width *  height  < minGap.minArea) {
            minGap.id = id;
            minGap.minArea = width *  height
        }
    }
    // 返回 Node 的 id
    return minGap.id
}
```

上述代码使用的 reactDomCollector 保存了在画布上渲染的全部低代码组件的 DOM 节点，实现这一目的需借助 React 的 ref 属性，在这里不展开介绍，相关细节可查看 https://github.com/react-low-code/vitis-lowcode-engine/blob/master/packages/simulator-renderer/src/renderer/page.tsx。

4. 获取离拖曳对象最近的可放置容器

在介绍组件规格时曾提到，每个低代码组件都能设置嵌套规则，这个规则用于规定哪些组件能作为它的子元素和父元素。这一步将使用嵌套规则判断组件是否可放置代码如下。

```
getDropContainer = (locateEvent: LocationEvent) => {
    // 从上一步得来的潜在容器
    let containerNode = this.host.getClosestNodeByLocation({clientX:
        locateEvent.clientX, clientY: locateEvent.clientY})
    // 获取拖曳对象的组件规格
    const thisComponentSpec: ComponentSpec = locateEvent.dragObject.data

    while(containerNode) {
        // 如果容器能放置拖曳对象
        if (containerNode.componentSpec.isCanInclude(thisComponentSpec)) {
            return containerNode
        } else {
            // 继续往上找父级
            containerNode = containerNode.parent
        }
    }
}
```

5. 计算被拖曳的对象在容器中的插入点

容器可能包含多个子元素，这一步将利用鼠标位置计算被拖曳的对象在容器中的插入点，得到最终的 DropLocation，代码如下。

```
// 初始值
const dropLocation: DropLocation = { index: 0, containerNode: container}
```

```
// container 是从上一步得到容器
const { childrenSize, lastChild } = container
const { clientY } = locateEvent

if (lastChild) {
    const lastChildRect = this.designer.getNodeRect(lastChild.id)
    // 判断是否要插到容器的末尾
    if (lastChildRect && clientY > lastChildRect.bottom) {
        dropLocation.index = childrenSize
    } else {
        let minDistance = Infinity
        // 容器中最近的插入点
        let minIndex = 0
        for (let index = 0 ; index < childrenSize; index ++) {
            const child = container.getChildAtIndex(index)!
            const rect = this.designer.getNodeRect(child.id)
            if (rect && Math.abs(rect.top - clientY) < minDistance) {
                minDistance = Math.abs(rect.top - clientY)
                minIndex = index
            }
        }
        dropLocation.index = minIndex
    }
}
return dropLocation
```

6. 在界面上显示最近的插入位置

经过前面的步骤得到了插入位置，现在在界面上给用户显示相应的提示，这里使用状态管理库 MobX，代码如下。

```
import { observer } from 'mobx-react'
observer(function InsertionView() {
    const [style, setStyle] = useState<React.CSSProperties>({})
    useEffect(() => {
        const dropLocation = observableProject.designer.dragon.dropLocation
        if (!dropLocation) {
            setStyle({})
        } else {
            const { width, left, top } = dropLocation.containerRect
            setStyle({
                borderTopStyle: 'solid',
                width,
                left,
                top
            })
        }
    }, [observableProject.designer.dragon.dropLocation])
    return (
        // 这个元素被绝对定位到画布区域的上面
        <div className='vitis-insertion-view' style={style}></div>
```

```
    }
})
```

除了视图层的上述代码，还需要将 Dragon 实例变成一个可观察对象，使得当 dragon. dropLocation 的值发生变化时，InsertionView 组件能重新渲染，给用户提示离拖曳对象最近的可插入点。

6.4.3　编辑属性

低代码 App 整体由一个大的 Schema 来描述，该 Schema 由画布上 Node 的 Schema 嵌套构成。编辑属性实际上是用设置器修改 Node 的 Schema，本小节将介绍如何利用设置器修改组件的 Schema。

1. 创建 Node

设置属性围绕着 Node 进行，因此第一步是创建 Node。Node 类的构造函数如下。

```
class Node<S extends NodeSchema = NodeSchema>{
    constructor(owner: DocumentModel,initSchema: S, parent: Node<S> | undefined) {
        makeAutoObservable(this)
        this.children = initSchema.children.map(child => owner.
            createNode(child, this))
        this.props = new Props(this, initSchema.props)
        this.extraProps = new Props(this, initSchema.extraProps)

        // 其他要执行的语句
    }
}
```

从上述构造函数可知，创建 Node 需要传入初始 Schema，其类型如下。

```
interface NodeSchema {
    id?: string;
    componentName: string;
    packageName: string;
    props: {[key: string]: PropValue;}
    extraProps: {
        // pathToVal 或 dataSource 决定了容器的数据源
        pathToVal?: string;
        dataSource?: JSDataSource;
        name?: string;
        // 禁用联动
        isDisabled?: JSFunction;
        // 取值联动
        getValue?: JSFunction;
        // 显隐联动
        isHidden?: JSFunction;
        // 表单校验规则
        verifyRules?: Rule[];
```

```
        [key: string]: PropValue;
    }
    isContainer: boolean;
    children: NodeSchema[];
    isFormControl?: boolean;
    containerType?: 'Layout'|'Data'|'Page';
}

interface JSFunction {
    type: 'JSFunction',
    // 字符串形式的函数
    value: string
}
```

属性设置器修改的是上述 props 和 extraProps 包含的属性。props 包含哪些属性由低代码组件的开发者决定，它们的值被全部传递给低代码组件的实现。extraProps 包含的属性由低代码引擎根据 Node 类型自动生成，其中涉及数据源、联动规则和表单控件的键名等。

回头看 Node 的构造函数可以发现，props 和 extraProps 都是 Props 类的实例，Props 构造函数如下。

```
class Props {
    constructor(owner: Node, values: NodeSchema['props'] = {}) {
        makeAutoObservable(this)
        this.owner = owner
        this.items = Object.keys(values).map(key=> new Prop(this,
            values[key],key))
    }
}
```

从上述代码可以看出，Props 类包含多个 Prop 实例。props 和 extraProps 中每个属性对应一个 Prop 实例。Prop 构造函数如下。

```
class Prop {
    constructor(parent: Props, value: PropValue, name: string) {
        makeAutoObservable(this,)

        this.parent = parent
        this.name = name
        this.value = value
    }
}
```

创建 Node 发生在低代码组件被拖曳到画布上释放鼠标的那一刻，也发生在复制画布上已有 Node 的那一刻。

2. SettingTopEntry 对象

从 Node、Props 和 Prop 构造函数可以得知，Node 有多个 Prop 实例，这些 Prop 实例有自己的设置器，设置器最终显示在界面右侧的属性面板上，Node 不直接与属性面板关联，而是通过 SettingTopEntry 对象与属性面板建立间接的联系，如图 6-7 所示。

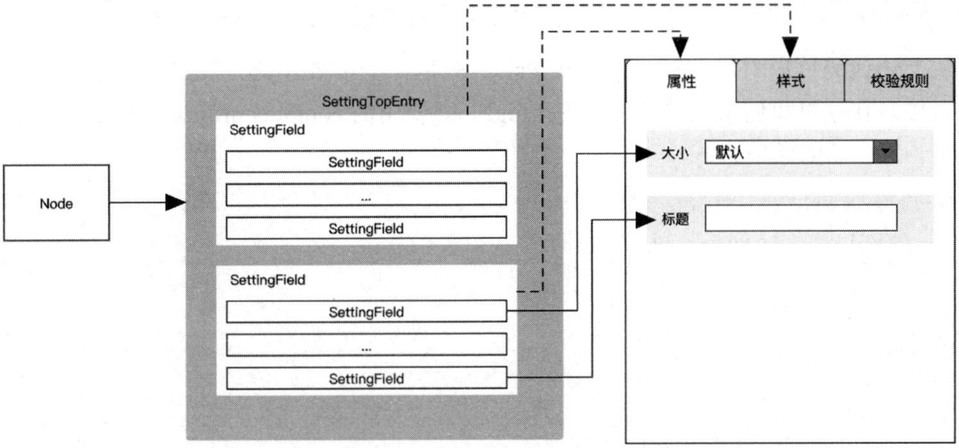

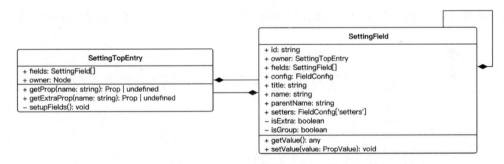

图 6-7　Node 与 SettingTopEntry

如图 6-7 所示，SettingTopEntry 是 Node 上的一个属性，管理着多个 SettingField，
SettingField 可以嵌套，嵌套到具体的设置器为止。属性面板上的每个设置器都对应一个
SettingField，当设置器的值发生变化时，要调用 SettingField 上的方法修改 Node 的属性值。
SettingTopEntry 与 SettingField 的 UML 类图如图 6-8 所示。

图 6-8　SettingTopEntry 与 SettingField 的 UML 类图

SettingField 由 SettingTopEntry 创建，SettingTopEntry 的构造函数如下。

```
class SettingTopEntry {
    constructor(owner: Node) {
        makeAutoObservable(this)
        this.owner = owner
        this.setupFields()
    }
    // 创建 SettingField
    private setupFields = () => {
        this.owner.componentSpec.configure.forEach(conf => {
            this.fields.push(new SettingField(this, conf))
```

```
        })
    }
}
```

从上述代码可以看出，SettingTopEntry 实例是一个可被 MobX 观察的对象，它能与视图层对接。在这里我们重点关注创建 SettingField 要用的 componentSpec.configure，它是一个数组，每一项的类型如下。

```
interface FieldConfig {
    type: 'group' | 'field';
    // 是否是 extraProps 中的属性, extraProps 中的属性不会传给低代码组件的 props
    isExtra?: boolean;
    title?: string;
    fields?: FieldConfig[];
    Setters?: {
        name: string;
        props?: SetterConfig['props']
    }[];
    // 这两个字段与 Prop 的 key 相关
    name: string;
    parentName?:string;
}
```

总体而言，每个 type 值为 'field' 的 FieldConfig 都对应了 Node 的 Prop，它通过 name 和 parentName 查找具体的 Prop，后续修改属性时将介绍为什么 FieldConfig 接口除了需要 name 还可能需要 parentName。用 fieldConfig 实例化 SettingField，SettingField 的构造函数如下。

```
class SettingField {
    constructor(owner: SettingTopEntry, config: FieldConfig) {
        this.owner = owner
        this.config = config
        this.id = uniqueId('settingField')

        // 判断是否需要嵌套 SettingField
        if (this.config.fields?.length) {
            this.fields = this.config.fields.map(item => {
                return new SettingField(this.owner, item)
            })
        }
    }
}
```

3. 属性面板

到目前为止，Node 的 settingTopEntry 描述了属性面板有哪些配置项，接下来便是将它描述的内容显示在界面上。在视图层遍历 settingTopEntry 的 fields 属性，代码如下。

```
render(){
```

```
        const items = settingEntry.fields.map(filed => {
            return {
                label: filed.title,
                key: filed.id,
                children: <SettingPanel target={filed} key={filed.id}/>
            }
        })

        return <Tabs items={items} />
}
```

上述代码将属性面板渲染成图 6-9 所示的形式。

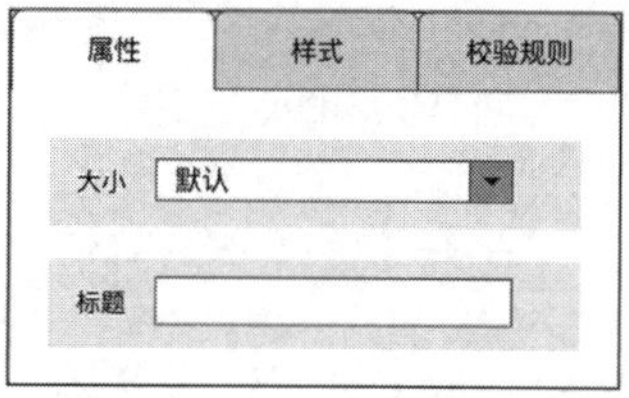

图 6-9　属性面板

现在看 SettingPanel 组件，从组件名便能得知它不代表某个具体的配置项，而是将多个配置项组织在一起，代码如下。

```
interface Props {
    target: SettingField
}

export default function SettingPanel(props: Props) {
    return (
        <div className='vitis-settings-pane'>
            {props.target.fields.map(field => {
                return <SettingFieldView field={field} key={field.id}/>
            })}
        </div>
    )
}
```

现在揭晓谜底，上述代码用到的 SettingFieldView 组件才是界面上显示的配置项，它接收的 settingField 实例用于修改 Node 的 Prop。SettingFieldView 组件代码如下。

```
import { observer } from 'mobx-react'

observer(function SettingFieldView(props: {field: SettingField}) {
    const { field } = props
    const [index, setIndex] = useState<number>(0)

    const setter = field.setters ? getSetter(field.setters[index].name):
        undefined
```

```
      return (
          <div className='vitis-setting-field-view'>
              {field.title && <div className='field-view-title'>{field.title}</
                  div>}
              <div className='field-view-main'>
                  {
                  setter ? createElement(setter,{        // A 行
                      ...field.setters![0].props,
                      field,
                      value: field.getValue(),
                      onChange: field.setValue,
                      key: field.id,
                  }) : <div className='placeholder'>无可用的设置器 </div>
                  }
              </div>
          </div>
      )
  })
```

上述代码的重点是 A 行的代码，setter 是属性设置器，是一个 React 组件，给它传入需要的属性便能在界面上显示相应的内容。其中 value 由 field.getValue() 取值，这是设置器当前的值，onChange 对应 field.setValue（用来修改当前的值）。

4. 修改属性

现在我们已经知道如何在界面上显示属性面板，也知道每个配置项都持有一个 settingField 实例，用户在面板上交互时，程序将调用 settingField 上的方法去修改 Node 的 Prop。修改属性值的第一步是取属性现在的值。

（1）从 Node 上取属性值

Node 有多个 Prop，settingField 要取 Node 某个 Prop 的值，必须知道 Prop 的键名，因此取值分为两步，第一步取键名，第二步取键名所在的值，代码如下。

```
// 获取键名
private get PropKey() {
      const name: string = this.parentName ? this.parentName: this.name
      const subName: string | undefined = this.parentName ? this.name :
          undefined
      return {name, subName}
}
// 取值
getValue = () => {
      let value: PropValue | undefined
      const {name, subName} = this.PropKey // A 行

      if (!this.isExtra) {
          value = this.owner.getProp(name)?.getValue(subName)
      } else {
          value = this.owner.getExtraProp(name)?.getValue(subName)
```

```
        }

        // 其他代码
        return value
}
```

有些读者可能不明白 A 行中的 name 和 subName 代表了什么。

NodeSchema 中 extraProps 字段上的属性，比如 dataSource，是一个复杂类型，其整体对应一个 Prop，但是它下面的字段可以分别修改和读取。dataSource 的类型如下。

```
interface DataSource {
    url: string;
    params?: object;
    method: string;
    requestHandler: JSFunction
    responseHandler: JSFunction
    errorHandler?: JSFunction
}
```

如果要读取 dataSource.url 的值，那么 A 行的 name 值是 'dataSource'，subName 的值是 'url'，如果要读取 dataSource 的值，那么 A 行的 name 值是 'dataSource'，subName 没有值。

（2）修改 Node 上的属性值

与取属性值一样，修改属性值的第一步也是取属性所在的键名，这里不再赘述。修改属性值的代码如下：

```
setValue = (value: PropValue) => {
        const {name, subName} = this.PropKey
        if (!this.isExtra) {
            this.owner.getProp(name)?.setValue(value, subName)
        } else {
            this.owner.getExtraProp(name)?.setValue(value, subName)
        }
}
```

上述代码先判断属性位于 NodeSchema 的 extraProps 上还是 props 上，然后调用 API 修改属性值，最后通知画布并把新的结果显示在界面上。

Chapter 7 | 第 7 章

渲染器的应用实践

渲染器的作用是将设计器生成的 JSON Schema 渲染成 UI 界面，它有一个单独的 npm 包，名为 vitis-lowcode-renderer，简称 ReactRenderer。本章将介绍 ReactRenderer 如何把 JSON Schema 描述的 App 显示在界面上，这主要涉及 5 部分内容。

- ❑ **显示组件**：这是画布渲染最基础的部分，不涉及任何交互，只是简单的显示。
- ❑ **获取数据源**：让组件获取它要显示的数据。
- ❑ **表单联动**：使表单控件的状态受其他数据的控制，支持的联动类型有禁用联动、显隐联动和取值联动。
- ❑ **表单校验**：校验表单填写的值是否符合要求，不符合则给出错误提示。
- ❑ **生命周期**：给应用添加生命周期。

7.1 显示组件

ReactRenderer 的作用是将 JSON Schema 描述的组件树显示在界面上，总体而言，它是一个 React 组件，可接收如下属性。

```
interface Props {
    // 组件树描述的 JSON Schema
    schema: PageSchema;
    // schema 中使用的组件
    components: Map<string, React.ElementType>;
    // schema 中的组件装载到界面后要执行的钩子
    onCompGetRef?: (schema: NodeSchema, domElement: HTMLElement | null) => void;
    // 画布渲染模式，设计态或运行态，默认值为运行态
```

```
    rendererMode?: RendererMode;
    // 容器组件没有子元素时的提示语
    customEmptyElement?: (schema: NodeSchema) => React.ReactNode;
}
```

上述 schema 和 components 是必填属性，schema 中用到的组件必须在 components 中声明，否则画布无法正常渲染。onCompGetRef 是选填属性，在设计态时它为设计器获取 Node 的位置提供了可能。

下面介绍 ReactRenderer 如何将示例的 schema 渲染在界面上。

```
{
    "componentName": "Page",
    "packageName": "Page",
    "containerType": "Page",
    "isContainer": true,
    "id": "def133",
    "children": [
        // 行
        {
            "componentName": "Row",
            "packageName": "vitis-lowcode-row",
            "containerType": "Layout",
            "isContainer": true,
            "id": "def134",
            "props": {},
            "children": [
                // 列
                {
                    "componentName": "Column",
                    "packageName": "vitis-lowcode-column",
                    "props": {},
                    "isContainer": true,
                    "id": "def135",
                    "containerType": "Layout",
                    "children": [
                        {
                            "componentName": "Select",
                            "packageName": "vitis-lowcode-select",
                            "props": {"label": "性别"},
                            "extraProps": {"name": "sex"},
                            "isFormControl": true,
                            "id": "def136",
                        }
                    ]
                },
                // 列
                {
                    "componentName": "Column",
                    "packageName": "vitis-lowcode-column",
```

```
                        "props": {},
                        "isContainer": true,
                        "containerType": "Layout",
                        "children": []
                        "id": "def137",
                    }
                ]
            }
        ],
        "props": {
            "style": "padding: 10px"
        },
        "extraProps": {
            // 这是数据源字段，该字段在下一个小节介绍
            "dataSource": {...}
        }
    }
}
```

上述 schema 在界面上将显示为一行两列布局，第一列有一个下拉选择器，如图 7-1 所示。

图 7-1　一行两列布局示例

ReactRenderer 将 schema 描述的组件分为如下 4 种类型。

❑ 页面容器：这是 schema 的根节点，它必须是页面容器，没有被发布成单独的 npm 包，而是存放于 vitis-lowcode-renderer 的内部。

❑ 布局容器：它通常是页面容器的 children，用来控制页面的布局，比如行和列。

❑ 表单控件：它处于 schema 嵌套层级的最后一层，通常位于布局容器中，既能展示数据又能接收用户输入。

❑ 普通 UI 组件：它处于 schema 嵌套层级的最后一层，通常位于布局容器中，只能显示数据不能接收用户输入。

7.1.1　页面容器

页面容器是整个画布的根节点，在 ReactRenderer 内部，它对应的 React 组件是 Page-Renderer，与视图相关的代码如下。

```
function PageRenderer(props: Props) {
    const context = useContext(Context)
    const rootRef = useGetDOM(props.schema)  // A 行
    const { style } = props.schema.props
```

```
    return (
        <div
            data-node-id={props.schema.id}
            className="vitis-page-container"
            ref={rootRef}    // B 行
            style={typeof style === 'string' ? transformStringToCSSProperties(s
                tyle): undefined}
        >{
            !props.schema.children.length ?
            context.customEmptyElement ? context.customEmptyElement(props.
                schema): null:
            <>{props.schema.children.map(child => <BaseComponentRenderer
                schema={child} key={child.id}/>)}</>
        }</div>
    )
}
```

如果页面容器有 children，那么 PageRenderer 将遍历每一个 child，并将其显示在界面，没有 children，则显示提示语。BaseComponentRenderer 是一个 React 组件工厂，它根据 schema 描述的组件类型，分门别类地渲染组件。

PageRenderer 中最重要的代码是 A 行用到的 useGetDOM，这是一个 Hooks，其作用是等组件装载之后将组件的根 DOM 元素传递出去，让设计器能完成拖曳定位。useGetDOM 的代码如下。

```
function useGetDOM(schema: NodeSchema) {
    const context = useContext(Context)
    const rootRef = useRef<HTMLDivElement>(null)

    useEffect(() => {
        if (context.rendererMode === RendererMode.design && context.
            onCompGetRef) {
            context.onCompGetRef(schema, rootRef.current)
        }
        return () => {
        if (context.rendererMode === RendererMode.design && context.
            onCompGetRef) {
                context.onCompGetRef(schema, null)
            }
        }
    },[])

    return rootRef
}
```

7.1.2　布局容器

行组件和列组件都属于布局容器，列组件必须放置在行组件的 children 中，布局容器与视图相关的代码如下。

```
function LayoutComponent(props: Props) {
    const rootRef = useGetDOM(props.schema)
    const context = useContext(Context)
    const { style, ...reset } = props.schema.props
    const Component = context.components.get(props.schema.componentName) // A 行
    if (!Component) { return <div> 未知的布局组件 </div>}

    return (
    <Component
        style={typeof style === 'string' ? transformStringToCSSProperties(sty
            le): undefined}
        ref={rootRef}
        {...reset}
    >
        {!props.schema.children.length ?
        context.customEmptyElement ? context.customEmptyElement(props.schema):
            null
        :
        props.schema.children.map(child => <BaseComponentRenderer schema=
            {child} key={child.id}/>)
        }
    </Component>
    )
}
```

布局容器究竟要渲染哪一个组件，这取决于 A 行的取值，取值结果决定了界面上要显示的内容。

7.1.3 表单控件

表单控件能接收用户输入并存储用户输入的值。表单控件与视图相关的代码如下。

```
function FormControl(props: Props) {
    const rootRef = useGetDOM(props.schema)
    const context = useContext(Context)
    // 获取要渲染组件
    const Com = context.components.get(props.schema.componentName)
    if (!Com) { return <div> 未知的表单控件 </div> }
    return (<Com {...props.schema.props} ref={rootRef} /> )
}
```

7.1.4 普通 UI 组件

普通 UI 组件只能用来展示数据，与视图相关的代码如下。

```
function UIComponent(props: Props) {
```

```
const rootRef = useGetDOM(props.schema)
const context = useContext(Context)
const Com = context.components.get(props.schema.componentName)
if (!Com) { return <div> 未知的组件 </div> }
return ( <Com {...props.schema.props} ref={rootRef} />)
}
```

7.2 数据源

数据源指的是页面上展示的数据，这不包含用户用表单控件输入的数据。数据源有两个特点：一个是只有容器组件才有数据源，容器将其数据源提供给后代访问；另一个是非容器组件从最近的容器获取数据。容器可以发送网络请求去获取数据源，还能从其父容器取部分或全部数据作为自己的数据源。图 7-2 所示为组件树与数据源的关系。

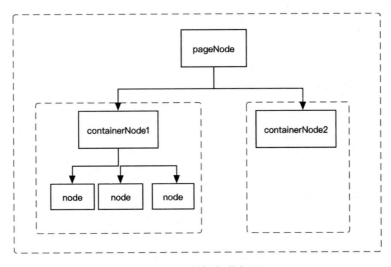

图 7-2 组件树与数据源

图 7-2 所示有 3 个容器组件：containerNode1 有 3 个子组件，它们能从 containerNode1 获取数据；containerNode2 的数据对 containerNode1 的 3 个子组件不可见；pageNode 的数据对页面上所有的组件可见。本节介绍如何让组件获取数据。

7.2.1 从服务器获取数据源

ReactRenderer 内部有一个名为 useDataSource 的 Hooks，其工作是获取数据源。useDataSource 发送网络请求时使用的开源项目是 axios，发送请求之前必须知道请求地址、方法和参数等，vitis 的使用者可以在属性设置面板编辑这些信息，界面上的表现如图 7-3 所示。

属性　　样式　　数据源

tip 这里的配置将发送网络请求，它返回的数据优先级高于从父容器取值

URL

请求方式 ⦿ GET ◯ POST

请求处理器
```
1  function requestHandler(params){
2      return params
3  }
```

响应处理器
```
1  function responseHandler(response) {
2      return response.data
3  }
```

图 7-3　编辑数据源配置

数据源包含的字段如下。

```
interface DataSource {
    // 网络请求的地址
    url: string;
    // 网络请求的参数
    params?: object;
    // 网球请求用的方法
    method: "GET" | "POST";
    // 请求处理器
    requestHandler?: JSFunction
    // 响应处理器
    responseHandler?: JSFunction
    // 错误处理器
    errorHandler?: JSFunction
}
```

 axios 的文档地址为 https://axios-http.com/docs/intro。

useDataSource 的类型如下。

```
function useDataSource(dataSourceConfig?: JSDataSource, pathToVal?: string,
    containerData?: {}): {loading: boolean; data: {}}
```

这里只关注 useDataSource 的 dataSourceConfig 参数。总体而言，从服务器获取数据源要做的工作可以分为 3 部分：解析 URL，创建 axios 实例，使用请求处理器和响应处理器。

1. 解析 URL

这部分要做的事情很简单：从 dataSource.url 中解析出网络请求地址和参数。比如 dataSource.url 的值为 http://user/list?page=1&size=12，那么得到的请求地址是 http://user/list，参数是 {page:1,size:12}；再比如 dataSource.url 的值为 http://user/list?page={currentPage}

&size=12，其中的 currentPage 是占位符，在发送请求时，将从浏览器 URL 的查询字符串中取同名参数来填充。相关代码如下。

```
import qs from 'qs';
/**
* 解析 URL
* @param url: /path/to/fetchData?id={orderId}&type=1
* @returns {url: string, data: Record }
*/
function parseUrl(url: string) {
    const queries = qs.parse(window.location.search, { ignoreQueryPrefix: true })
    const [realUrl, searchStr] = url.split('?')
    const params: Record = {}
    if (searchStr) {
        const urlParams = qs.parse(searchStr, { ignoreQueryPrefix: true }) // A行
        for (const key of Object.keys(urlParams)) {
            // 匹配 {...}
            const execResult = /^\{([\W\w]{0,}?)\}$/.exec(urlParams[key] as
                string)
            // 如果匹配到了占位符
            if (execResult) {
                if (execResult[1]) {
                    params[key] = queries[execResult[1]] as string
                }
            } else {
                params[key] = urlParams[key] as string
            }
        }
    }
    return {url: realUrl, params}
}
```

上述代码用到了开源项目 qs，如果 searchStr 为 'id={orderId}&type=1'，那么 A 行得到的 urlParams 值为 {id: '{orderId}',type:'1'}，'{orderId}' 是占位符，能被正则表达式 /^\{([\W\w]{0,}?)\}$/ 匹配，execResult[1] 的值为 'orderId'，最终用 orderId 从 window.location.search 中取值。

📊补充　qs 的文档地址为 https://www.npmjs.com/package/qs。

---

2. 创建 axios 实例

在 ReactRenderer 中，创建 axios 实例的函数为 createRequest，axios 中有拦截器这一概念，这里不介绍它的作用，而是介绍如何把字符串形式的拦截器应用到 axios 实例上。拦截器字段位于页面容器中，即 PageSchema 中，它对同一应用的所有网络请求有效。PageSchema 中与拦截器有关的字段如下：

```
interface PageSchema {
    // 拦截器
    interceptors?: {
        // 请求拦截器
        request?: JSFunction;
        // 响应拦截器
        response?: JSFunction;
    };
    // ... 其他
}
```

PageSchema 配置了默认的拦截器，vitis 的使用者能修改它的值，如图 7-4 所示。

图 7-4　编辑拦截器

下面的代码可创建 axios 实例，并将响应拦截器应用到实例上。

```
function createRequest(interceptors: PageSchema['interceptors']) {
    const instance = axios.create({ responseType: "json" })
    if (interceptors) {
        instance.interceptors.response.use(async function(value:
            AxiosResponse<any, any>): Promise<AxiosResponse<any, any>> {
            let data = value.data
            // 如果有响应拦截器
            if (interceptors && interceptors.response) {
                // 将字符串形式的函数转换成常规函数
                const responseInterceptor: (responseData: AxiosResponse['data'])
                    => AxiosResponse['data'] = transformStringToFunction(interc
                    eptors.response.value)
                try {
                    // 调用转换后的常规函数
                    data = await responseInterceptor(data)
                } catch (error) {
```

```
                    return Promise.reject(error)
                }
            }
            return { ...value,data}
        })
    }
    return instance
}
```

Schema 只能保存可序列化的数据，也就是说函数不能直接存放于 Schema 中，而是以字符串的形式存放，等到需要使用的时候再将字符串形式的函数转换成常规函数，上述代码使用的 transformStringToFunction 专门用来实现这一功能。这里要用到 Function 构造函数，代码如下。

```
function transformStringToFunction(str: string) {
    const reg = /("([^\\"]*(\\.)?)*")|('([^\\']*(\\.)?)*')|(\/{2,}.*?(\r|\
      n|$))|(\/\*(\n|.)*?\*\/)/g;
    //去掉代码中的注释
    str = str.replace(reg, function(word) {
        return /^\/{2,}/.test(word) || /^\/\*/.test(word) ? "" : word;
    });
    //去掉代码前后的空格，
    str = str.trim()
    return new Function(`"use strict"; return ${str}`)();
}
```

如果 str 以注释或者空格开头，那么 new Function 将返回 undefined，所以在调用 Function 构造函数之前应先去掉 str 前后的空格和注释。

3. 使用请求处理器和响应处理器

前面曾提到 PageSchema 上的网络拦截器对同一应用的所有网络请求有效，但有些请求可能有自己的参数或者响应值处理逻辑。每一个网络请求可单独配置自己的请求处理器和响应处理器。

使用响应处理器的代码如下：

```
createRequest(interceptors)(generateRequestConfig(dataSourceConfig.value))
    .then((response) => {
        let responseHandler: (response: AxiosResponse) => any = (response)
          => response.data
        if (dataSourceConfig.value.responseHandler) {
            //将字符串形式的函数转换成常规函数
            responseHandler = transformStringToFunction(dataSourceConfig.
              value.responseHandler.value)                          }
        //将处理后的结果保存到状态中
        setData(responseHandler(response))
    },(reason: AxiosError) => {
        //当网络请求发送错误
    })
```

```
    .finally(() => {
        setLoading(false)
    })
```

上述代码的重点是将字符串形式的函数转换成常规函数，再调用函数得到处理后的结果，将结果保存到某个状态中。React 视图层将对状态的更新做出响应。

useDataSource 的完整代码位于 https://github.com/react-low-code/vitis-lowcode-engine/blob/master/packages/renderer/src/hooks/useDataSource.ts 中，要理解 useDataSource 的工作流程，必须对 axios 的用法融会贯通。这里与常规项目使用 axios 最大的差别是，这里的拦截器、请求处理器和响应处理器都是字符串形式的函数，它们来自别的地方，因此要先获取它们的值，然后将字符串转成函数，最后执行函数。

7.2.2 从父容器获取数据源

从父容器获取数据源，指的是容器用一个 key 从其父容器读取部分数据作为自己的数据。比如，父容器的数据为 {user: {age: 12}, level: {id: 1, name: ' 一级 '}}，key 为 user.age，那么容器从父容器读取到的数据为 12。实现这一需求使用的代码如下。

```
// 当不需要发网络请求取数据时，从父容器取数据
if (!dataSourceConfig || !dataSourceConfig.value.url.trim()) {
    setLoading(false)
    // 透传父容器的数据
    if (!pathToVal || !pathToVal.trim()) {
        setData(containerData)
    } else {
        return setData(Path.getIn(containerData, pathToVal)) // A 行
    }
}
```

上述代码片段位于 useDataSource 中，A 行使用了开源项目 depath(https://www.npmjs.com/package/depath) 来实现按路径取值，vitis 的使用者可在属性设置面板上配置 pathToVal 的值。

7.2.3 将数据提供给后代

到目前为止，我们已经获取到数据源，接下来要使组件只能访问离它最近的容器的数据源，当数据发生变化，界面随之更新。这里使用 React Context API 实现该需求。当同一个 Context 有嵌套时，被 Context 包裹的组件只能获取离它最近的 Context 传递的值，该特性刚好满足我们的需求。下面用代码演示。

```
const DataContext = React.createContext({ level: 0})

<DataContext.Provider value={{level: 1}}> // A 行
```

```
        <TwoLevel/>
</DataContext.Provider>

function TwoLevel() {
    const { level} = useContext(DataContext) // B 行
    return <DataContext.Provider value={{level: 2}}> // C 行
        <ThreeLevel/>
    </DataContext.Provider>
}

function TreeLevel() {
    const { level} = useContext(DataContext) // D 行
    return <div>{level}</div>
}
```

上述 B 行获取的 level 值为 1，是 A 行传递给它的，D 行获取的 level 值为 2，是 C 行传递给它的。ReactRenderer 将容器的数据源传递给后代组件，代码片段如下。

```
function() {
    // 获取父容器的数据
    const containerData = useContext(ContainerDataContext)
    // 用 useDataSource 生成自己的数据
    const { data, loading } = useDataSource(dataSource, pathToVal,
        containerData.data)
    // 将自己的数据传给后代
    return (
<ContainerDataContext.Provider
        value={{
            data,
            dataLoading: loading
        }}
>
// 其他处理代码
</ContainerDataContext.Provider>)
}
```

7.3　表单联动

　　表单联动指的是表单控件的状态受其他控件的影响。支持的联动类型有禁用联动、显隐联动和取值联动。vitis 的使用者需在属性面板中配置联动规则，如图 7-5 所示。

　　联动规则保存在 NodeSchema.extraProps 字段上，是函数形式的字符串。表单控件能接收用户输入，在这里将用户输入的值统一保存到名为 formData 的变量中。使用 React Context API 将值传递到组件树的各个层级。联动规则的类型如下。

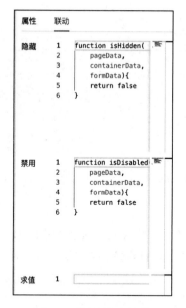

图 7-5　配置联动规则

```
interface ExtraProps {
    // 禁用联动规则
    isDisabled?: JSFunction;
    // 取值联动规则
    getValue?: JSFunction;
    // 显隐联动规则
    isHidden?: JSFunction;
    ...
}
```

7.3.1　禁用联动

将禁用联动应用到表单控件上很简单，用一个自定义的 Hooks 就可实现这个功能，代码如下。

```
function useDisabled(dataGroup: DataGroup, isDisabled?: JSFunction) {
    function computedDisabled() {
        if (!isDisabled || !isDisabled.value) {
            return false
        }
        // 将字符串形式的函数转换成常规函数
        const func = transformStringToFunction(isDisabled.value)
        if (typeof func === 'function') {
            try {
                return func(dataGroup.pageData, dataGroup.containerData,
                    dataGroup.formData)
```

```
          } catch (error) { return false }
      } else { return false }
   }
   const [disabled, setDisabled] = useState<boolean>(computedDisabled)

   useEffect(() => {
      setDisabled(computedDisabled())
   }, [isDisabled?.value, dataGroup.pageData, dataGroup.formData, dataGroup.
      containerData])

   return disabled
}
```

在 React 组件中使用 useDisabled，将其返回值传给表单控件，代码如下。

```
function FormControl(props: Props) {
   // ... 其他代码
   // 使用 useDisabled
   const isDisabled = useDisabled({...}, props.schema.extraProps.isDisabled)
   return (<Com {...props.schema.props} ref={rootRef} disabled={isDisabled}/> )
}
```

7.3.2　显隐联动

显隐联动用来控制组件的显示和隐藏，为此要定义一个 Hooks，代码如下。

```
function useHidden(dataGroup: DataGroup, isHidden?: JSFunction) {
   function computedHidden() {
      if (!isHidden || !isHidden.value) {
         return false
      }
      // 将字符串形式的函数转换成常规函数
      const func = transformStringToFunction(isHidden.value)
      if (typeof func === 'function') {
         try {
            return func(dataGroup.pageData, dataGroup.containerData,
               dataGroup.formData)
         } catch (error) { return false }
      } else { return false }
   }
   const [hidden, setHidden] = useState<boolean>(computedHidden)

   useEffect(() => {
      setHidden(computedHidden())
   }, [isHidden?.value, dataGroup.pageData, dataGroup.formData, dataGroup.
      containerData])

   return hidden
}
```

总体而言，只要理解了上述代码便能得知如何实现显隐联动，剩余的只是在 React 组件中使用 useHidden，这里不再赘述。

7.3.3　取值联动

取值联动比前面介绍的两种联动都要复杂，它涉及取表单控件的初始值、取联动规则计算的值和修改表单控件的值，为此要定义一个名为 useSetFormControlVal 的 Hooks。下面分 4 部分介绍 useSetFormControlVal。

1. 取表单控件的初始值

这部分主要使用 pathToVal 从父容器的数据源中获取表单控件要展示的初始值，代码如下。

```
const pathToVal = extraProps.pathToVal && extraProps.pathToVal.replace(/\s/g,'')
const [initVal, setInitVal] = useState<any>()
useEffect(() => {
    function getInitValue() {
        if (!dataLoading) {
            return containerData && pathToVal ? Path.getIn(containerData,
                pathToVal): defaultValue
        } else {
            return undefined
        }
    }
    setInitVal(getInitValue)
},[dataLoading, containerData, pathToVal])
```

2. 取联动规则计算出的值

这部分的实现代码如下。

```
const name = extraProps.name && extraProps.name.replace(/\s/g,'')
const prevFormData = usePrevVal(formData)
const [linkageValue, setLinkageValue] = useState<any>()

useEffect(() => {
    // 取联动规则的返回值
    function computedVal() {
        if (!extraProps.getValue || !extraProps.getValue.value) {
            return undefined
        }
        const func = transformStringToFunction(extraProps.getValue.value)
        if (typeof func === 'function') {
            try {
                return func(pageData, containerData, formData)
            } catch (error) { return undefined }
        } else { return undefined }
```

```
        }
        if (extraProps.getValue && extraProps.getValue.value) {
            // 如果 formData 中发生变化的不是当前表单字段
            if (name && JSON.stringify(Path.deleteIn({...formData}, name)) !==
                JSON.stringify(Path.deleteIn({...prevFormData}, name))) {
                const val = computedVal()
                if (val !== undefined) { setLinkageValue(val) }
            }
        }
    }
    }, [extraProps.getValue?.value, pageData, formData, containerData,
        prevFormData, name])
```

3. 修改表单控件的值

根据前面两部分计算出的结果修改 formData，从而修改表单控件的值，代码如下。

```
useEffect(() => {
    if (name && initVal !== undefined) {
        updateFormData(name, initVal)
    }
}, [initVal, name])

useEffect(() => {
    if (name && linkageValue!== undefined) {
        updateFormData(name, linkageValue)
    }
}, [linkageValue, name])
```

4. 返回表单控件的值

useSetFormControlVal 的最后一行代码，用于实现从 formData 中获取特定表单控件的值，具体代码如下。

```
return name ? Path.getIn(formData, name): undefined
```

使用 useSetFormControlVal，让表单控件接收用户输入，代码如下。

```
function FormControl(props: Props) {
    // ...其他代码
    // 使用 useSetFormControlVal
    const value = useSetFormControlVal(props.schema.extraProps, props.schema.
        props.defaultValue)
    const onChange = (val: any) => {
        if (name) {
            updateFormData(name, val)
        }
    }
    return (<Com {...props.schema.props} ref={rootRef} value={value}
        onChange={onChange}/> )
}
```

7.4 表单校验

表单校验指的是校验表单控件的值是否合法，不合法则不可提交。vitis 的使用者在属性面板编辑校验规则，如图 7-6 所示。

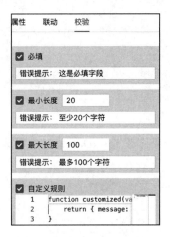

图 7-6 填写表单校验规则

由图 7-6 可知，vitis 的使用者可以从 4 个维度填写校验规则，分别是必填、最小长度、最大长度和自定义规则。自定义规则难度较大，它的值是字符串形式的函数。

表单校验规则保存在 NodeSchema.extraProps.verifyRules 字段上，类型如下。

```
inteface NodeSchema {
    // 其他
    extraProps: {
        verifyRules: Rule[]
    }
}


interface Rule {
    max?: string;
    min?: string;
    required?: boolean;
    // 校验没有通过时的提示语
    message?: string;
    // 自定义的校验规则
    customized?: JSFunction;
}
```

在 ReactRenderer 内部，表单错误信息保存到一个名为 formErrors 的变量中，使用 React Context API 将该信息传递到组件树的各个层级。useSetFormErrors 是一个自定义的 Hooks，它从 Schema 取出校验规则，并判断表单值是否合法。useSetFormErrors 的核心代码如下。

```
function useSetFormErrors(extraProps: NodeSchema['extraProps']) {
    const { updateFormErrors, formData, formErrors } = useContext(GlobalDataContext)
    const name = extraProps.name.replace(/\s/g,'')
    // 取表单值
    const value = Path.getIn(formData, name)
    const [error, setError] = useState<string>();

useEffect(() => {
    // 必填规则
    const requiredRule = (extraProps['verifyRules'] || []).find(rule => rule.
        required === true)
    // 自定义规则
    const customizedRule = (extraProps['verifyRules'] || []).find(rule => rule.
        customized !== undefined)

    if (!value && !!requiredRule) {
        updateFormErrors(name, requiredRule.message || '这是必填字段')
        return
    }

    if (customizedRule && customizedRule.customized?.value) {
        const func = transformStringToFunction(customizedRule.customized?.value)
        if (typeof func === 'function') {
            try {
                let result = func(value, formData);
                result = typeof result === 'boolean' ? {status: result,
                    message: ''} : result;

                if (result.status === false) {
                    updateFormErrors(name, result.message || '数据不合法')
                    return
                }
            } catch (error) {
                console.error(error)
            }
        }
    }
    // 走到这里说明数据合法
    updateFormErrors(name, undefined)
}, [name,extraProps['verifyRules'], value])

    useEffect(() => {
        setError(Path.getIn(formErrors, name))
    }, [formErrors])
    // 返回错误信息
    return error
}
```

上述代码省略了对最大长度和最小长度的校验，它们与必填规则的校验方式类似，在这里不再赘述。在 React 组件中使用 useSetFormErrors，可将其返回的错误信息显示在界面上。

7.5 生命周期

生命周期指的是 App "从出生到死亡"的整个过程。vitis 支持的生命周期如下。

❑ load(event)：绑定在 window 对象上，整个应用加载后触发。

❑ unload(event)：绑定在 window 对象上，卸载应用时触发。

❑ visibilitychange(event)：绑定在 document 对象上，应用变为可见或隐藏时触发。

❑ beforeunload(event)：绑定在 window 对象上，应用即将被卸载时触发。

使用设计器配置生命周期的方法如图 7-7 所示。

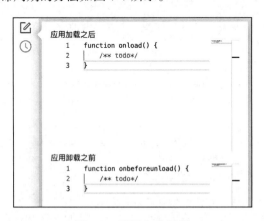

图 7-7　配置生命周期

生命周期的配置项保存在 **PageSchema.lifeCycles** 上。**LifeCycles** 类型如下。

```
interface LifeCycles {
    load?: JSFunction;
    unload?: JSFunction;
    visibilitychange?: JSFunction;
    beforeunload?: JSFunction;
}
```

用一个自定义的 Hooks 来进行生命周期配置，核心代码如下。

```
function useLifeCycles(lifeCycles: PageSchema['lifeCycles']) {
    useEffect(() => {
        let onbeforeunload = (e: Event) => {}
        if (lifeCycles.beforeunload && lifeCycles.beforeunload.value) {
            // 将字符串形式的函数转换成常规函数
            const func = transformStringToFunction(lifeCycles.beforeunload.value)

            if (typeof func === 'function') {
                onbeforeunload = (e: Event) => {
                    try { func(e) } catch (error) { console.log(error)}
                }
                window.addEventListener('beforeunload', onbeforeunload, false)
```

```
            }
        }
        ...

        // 注销绑定的事件
        return () => {
        document.removeEventListener('visibilitychange', onvisibilitychange,
            false)
        ...
        }
    },[lifeCycles.beforeunload, ...])
}
```

　　上述代码展示了给 window 对象绑定 beforeunload 事件的方法，绑定其他生命周期事件
与之类似，这里不再赘述。

Chapter 8 第 8 章

代码生成器的原理与实践

低代码引擎的产物是一份符合页面搭建协议的 JSON Schema，其可读性差，且在浏览器中不能直接运行。本章介绍的代码生成器可将 JSON Schema 转换成手写代码，这个过程称为出码，通常发生在 App 发布的时候。该过程分为两步，第一步生成符合 icejs 项目框架规范的源码，第二步打包构建。出码经历的步骤如图 8-1 所示。

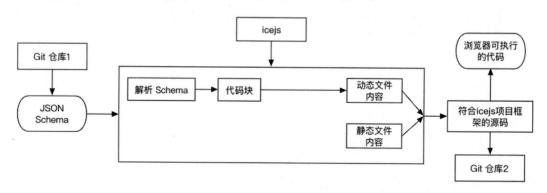

图 8-1　出码流程

整个出码流程都在服务端进行，用户不能与之交互。由图 8-1 可知，出码需要的 JSON Schema 从 Git 仓库得来，输出的符合 icejs 项目框架规范的源码被保存在另一个 Git 仓库。源码必须满足如下两个要求。

❑ 源码有较高的可读性，使开发者能基于生成的源码添加定制化的逻辑，使 low-code 和 pro-code 能结合起来。这里需要注意，对这些代码做的任何修改都不能反向映射到 App 的 Schema 上。

❑ Schema 中的每个节点必须转换成一个单独的文件。

代码对应的 npm 包为 vitis-lowcode-code-generator，完整的代码位于 https://github.com/ react-low-code/vitis-lowcode-engine/blob/master/packages/code-generator 中。

 注意　icejs 是阿里巴巴的开源项目。

8.1　工作原理及概念

本节从程序员敲的代码开始介绍，然后介绍代码生成器如何生成源码。

8.1.1　拆分代码块

快速回顾以新建文件为起点的开发 React 组件的过程会发现，我们往往是在文件的开头处导入外部资源，最先导入的可能是 react 包，然后定义一个函数，让它返回 JSX 模板，此时该函数被程序员称为函数组件。函数体的开头可能会使用 Hooks，还可能定义一些内部变量，最终定义的函数组件被导出并供外部使用。

总体而言，.jsx 或 .tsx 文件包含 5 类代码块：导入外部资源、组件导出语句、组件使用 Hooks、组件内部变量、组件 render。为了提高出码流程产生的代码的整洁度，可以将代码块的类型分得更细。vitis 代码生成器根据最终要生成的文件内容，定义了如下代码块。

```
enum ChunkName {
    // 文件的主体类型
    FileMainContent,
    // 导入外部 js 模块
    ImportExternalJSModules,
    // 导入内部 js 模块
    ImportInternalJSModules,
    // 组件默认导出开始
    ComponentDefaultExportStart,
    // 组件默认导出结束
    ComponentDefaultExportEnd,
    // 导入 css 样式文件
    ImportStyle,
    // GlobalDataContextProvider 标签开始
    GlobalDataContextProviderStart,
    // GlobalDataContextProvider 标签结束
    GlobalDataContextProviderEnd,
    // ContainerDataContextProvider 标签开始
    ContainerDataContextProviderStart,
    // ContainerDataContextProvider 标签结束
    ContainerDataContextProviderEnd,
```

```
    // 组件 render 开始
    ComponentRenderContentStart,
    // 组件 render 结束
    ComponentRenderContentEnd,
    // 组件 render 内容区
    ComponentRenderContentMain,
    // 使用 Hooks
    ReactHooksUse,
    // 组件内部函数
    ComponentInternalFunc
}
```

上述代码罗列了 15 个代码区，源码文件不需要将它们全部包含，每个代码区可单独编辑。图 8-2 所示是 .tsx 文件代码区划分示例。

图 8-2   .tsx 文件代码区划分示例

有编程意识的人看到图 8-2 所示的内容会本能地认为它是某编程语言的代码，而没有编程意识的人会认为它是普通文本。实际上如果代码不被计算机执行，那么它真的是普通文本。代码生成器的大部分工作都是往代码区插入文本，最后将各区域的内容拼接在一起，形成程序员眼里的代码。

出码流程的输入是一份无逻辑的结构化数据，称为 Schema，这与图 8-2 所示的内容有天壤之别。拿到 Schema 中的单个节点要生成图 8-2 所示的代码并不难，涉及的思路如下。

- ❑ React 组件文件的开头要导入 react 包，因此在 ImportExternalJSModules 区插入 import React from 'react'。
- ❑ 判断节点的类型，如果是页面类容器，那么与节点对应的 React 组件要使用 useState 定义 formData 和 formErrors，并将其提供给子孙组件。ImportExternalJSModules 区导入的代码块要包含 import React, { useState } from 'react'，同时 ReactHooksUse 区还要插入使用 useState 定义状态的代码块。
- ❑ 如果节点是页面类容器，它会使用 React Context API 把一些全局可访问的数据传递给子孙组件，因此 GlobalDataContextProviderStart 区和 GlobalDataContextProviderEnd 区需要插入相应的代码块，同时 ImportInternalJSModules 区要包含导入 GlobalData-Context 的代码块。
- ❑ 如果节点是容器，不论是页面类容器还是布局类容器，都要获取数据源，并将其传递给子孙组件，因此 ImportInternalJSModules 区需要包含导入 useDataSource 的代码块，同时 ReactHooksUse 区要包含使用 useDataSource 的代码块，用 useDataSource 获取的数据源通过 Context API 传递给子孙节点，因此 ContainerDataContextProviderStart 区和 ContainerDataContextProviderEnd 要插入相应的代码。
- ❑ 判断当前节点是否有子节点，如果有，则在 ImportInternalJSModules 区里导入子节点对应组件，同时在 ComponentRenderContentMain 中插入子组件。

上述步骤描述了由一个 Schema 中的节点生成 React 组件的思路，该工作由插件完成，关于插件的细节将在 8.2 节介绍。

8.1.2　文件类型

本章开头便提到，代码生成器将生成符合 icejs 项目框架规范的源码。icejs 项目的目录结构如下。

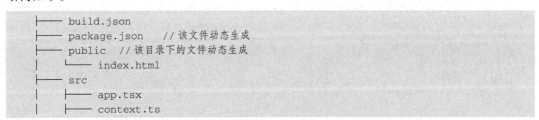

```
├── build.json
├── package.json    // 该文件动态生成
├── public    // 该目录下的文件动态生成
│      └── index.html
├── src
│      ├── app.tsx
│      ├── context.ts
```

```
|       |       ├── global.css
|       ├── hooks
|       |       ├── useDataSource.ts
|       |       ├── useDisabled.ts
|       |       ├── useGetInitVal.ts
|       |       ├── useHidden.ts
|       |       ├── usePrevVal.ts
|       |       ├── useSetFormControlVal.ts
|       |       └── useSetFormErrors.ts
|       ├── pages        // 该目录下的文件动态生成
|       |       └── Home
|       |               ├── components
|       |               |       ├── FormControldef136.tsx
|       |               |       ├── LayoutContainerdef134.tsx
|       |               |       ├── LayoutContainerdef135.tsx
|       |               └── index.tsx
|       ├── routes.ts
|       ├── service   // 该目录下的文件动态生成
|       |       └── index.ts
|       ├── types.ts
|       └── typings.d.ts
└── tsconfig.json
```

上述目录标注了哪些文件由 Schema 动态生成。可以看出，较多文件属于静态文件，它们的内容不受出码流程的 Schema 影响。

一个完整的 App 由多个文件组成，这些文件最终被保存到磁盘里。与人为创建文件不同，代码生成器不会一开始就在磁盘中创建文件，而是先将文件的路径和内容以一种结构化数据的形式保存到变量里，最后再用变量里的数据去创建文件，向文件写入内容。描述目录的数据类型如下。

```
interface ResultDir {
    // 目录名称，Root 名称默认为 .
    name: string;
    // 子目录
    dirs: ResultDir[];
    // 目录内的文件
    files: ResultFile[];
}
```

描述文件的数据类型如下。

```
interface ResultFile {
    // 文件名
    name: string;
    // 文件扩展名，例如 ts
    ext: string;
    // 文件内容
    content: string;
}
```

代码生成器的最后一步是与磁盘交互，在此之前操作的是一个名为 projectRoot 的变量，它用来保存项目的目录结构和文件内容，其初始值如下。

```
const projectRoot: ResultDir = {name: '.', dirs: [], files: []}
```

1. 静态文件

静态文件指的是内容和路径都不受 Schema 影响的文件，它们的生成方式是统一的。以生成项目入口文件为例，下面的代码描述了它的文件类型、文件名和所在目录。

```
export default function getFile(): [string[], ResultFile] {
    return [['src'], {
        name: 'app',
        ext: 'tsx',
        content: `
        import { runApp, config } from 'ice';
        const appConfig = {
            app: {
                rootId: 'ice-container',
            },
            router: {
                type: 'hash',
            }
        };
        runApp(appConfig);
        `
    }]
}
```

将静态文件的路径和内容添加到 projectRoot，这里有一个专门的函数，实现代码如下。

```
export function runFileGenerator(root: ResultDir, getFile: FuncFileGenerator) {
    try {
        const [path, file] = getFile();
        insertFile(root, path, file);
    } catch (error) {
        throw new Error(`Error: ${typeof getFile}`);
    }
}
```

静态文件的数据是有限的，有多少个静态文件，runFileGenerator 函数就需要调用多少次，调用 runFileGenerator 的示例如下。

```
import app from './src/app.tsx'
runFileGenerator(projectRoot, app)
```

注意 访问 https://github.com/react-low-code/vitis-lowcode-engine/blob/master/packages/code-generator/src/template/static-files/index.ts 可查看全部静态文件。

2. 动态文件

动态文件之所以是动态的，是因为它的内容或路径受 Schema 影响。动态文件分两类，一类文件路径固定但内容不固定，另一类文件路径和内容都不固定。生成动态文件是插件的工作，后续将单独介绍，这里只介绍一些概念。

（1）文件路径固定但内容不固定的动态文件

回顾本小节开头展示的项目目录，试想哪些文件是路径固定但内容不固定的？现在揭晓答案，请看下面的代码片段。

```
fixedSlots: {
    pages: {
        path: ['src', 'pages','Home'],
        fileName: 'index',
        ext: 'tsx',
        plugins: [pluginPage]
    },
    htmlEntry: {
        path: ['public'],
        fileName: 'index',
        ext: 'html',
        plugins: [pluginHtmlEntry]
    },
    packageJSON: {
        path: [],
        fileName: 'package',
        ext: 'json',
        plugins: [pluginPackageJSON]
    },
    service: {
        path: ['src','service'],
            fileName: 'index',
            ext: 'ts',
            plugins: [pluginService]
        },
    },
```

上述文件被称为固定插槽，其路径在代码生成器中已经预置好了，每一种文件都对应一个插件以生成文件内容。

（2）文件路径和内容都不固定的动态文件

试想哪些文件的路径和内容都不固定呢？答案是 src/pages/Home/components 目录下的文件。这些文件完全由出码流程输入的 Schema 决定，它们有一个专属名称——动态插槽。下面的代码是对它们的定义。

```
dynamicSlots: {
    layoutContainer: {
        plugins: [pluginLayoutContainer]
```

```
        },
        dataContainer: {
            plugins: [pluginLayoutContainer]
        },
        UIControl: {
            plugins: [pluginUIControl]
        },
        formControl: {
            plugins: [pluginFormControl]
        }
    },
```

针对节点的类型，内容由不同的插件生成，文件路径由统一的规则生成，代码如下。

```
export function generateComponentPath(schema: NodeSchema) {
    const id = schema.id!
    let name: string | undefined = undefined
    if (schema.isContainer && schema.containerType === 'Layout') {
        name = `LayoutContainer${id}`
    } else if (schema.isFormControl) {
        name = `FormControl${id}`
    } else if (!schema.isContainer && !schema.isFormControl) {
        name = `UIControl${id}`
    }

    if (name) {
        return {
            path: `./components/${name}`,
            name,
            key: id
        }
    }
}
```

由上述代码可以看出，动态插槽的文件名由 schema.id、schema.containerType 和 schema.isContainer 决定。

8.2　插件

插件的工作是为动态文件生成内容，这里面不涉及文件路径。插件的类型如下。

```
type BuilderComponentPlugin = (codeStruct: CodeStruct) => CodeStruct;
```

从类型定义可以看出，插件是一个函数，它接收 CodeStruct，最终将 CodeStruct 返回，这使插件能够将其输出交给下一个插件继续处理。CodeStruct 的类型定义如下。

```
interface CodeStruct {
    input: CodeStructInput;
```

```
    chunks: {
        chunkType: ChunkType;
        fileType: FileType;
        // 代码块的名称
        chunkName: ChunkName;
        // 这是代码块的内容
        content: string;
        // 指明这个代码块该位于哪个代码块的后面
        linkAfter?: ChunkName;
    }[];
}
```

CodeStruct.input 是插件的输入，它的值决定了插件会生成什么样的代码块。CodeStruct.
chunks 是插件的输出，插件会将生成的代码块添加到 CodeStruct.chunks 中。CodeStructInput
类型如下。

```
interface CodeStructInput {
    componentsMap: Record<string,NpmInfo>;
    projectName: string;
    title: string;
    description: string;
    schema: NodeSchema;
}
```

代码生成器一共预置了 7 种插件，下面是其中一个插件的示例。

```
function plugin(codeStruct: CodeStruct) {
    codeStruct.chunks.push({
        chunkType: ChunkType.STRING,
        fileType: FileType.JS,
        chunkName: ChunkName.FileMainContent,
        content: `function add(a, b) {
            return a + b;
        }`,
        linkAfter: undefined
    })
    return codeStruct
}
```

从上述代码可以看出，这里的插件直接往 codeStruct.chunks 插入了一个数据项，它不
被要求遵循 Immutability 原则。

插件只用于为单个文件生成内容，不需要组织文件结构。下面以 pluginPage 插件为例，
介绍插件的工作。

1）取出传给插件的 Schema。几乎所有的插件都依赖 Schema 生成代码块，因此插件首
先从参数中取出 Schema。

```
function plugin(struct: CodeStruct) {
    // 取出 Schema，留待后续使用
```

```
const schema = struct.input.schema
    // 其他代码
    ...
    // 将处理结果返回
    return struct
}
```

2）导入外部模块的代码块。pluginPage 插件产生的 .tsx 文件要导入的外部依赖是固定的。相关代码如下。

```
struct.chunks.push({
    chunkType: ChunkType.STRING,
    fileType: FileType.TSX,
    chunkName: ChunkName.ImportExternalJSModules,
    // 这里是要导入的 JS 外部模块
    content: `import React, { useState } from 'react'
import { Path } from 'depath'
    `,
})
```

3）导入内部模块的代码块。schema.children 保存的每一个配置项都将对应一个 .tsx 文件，这些文件要在父级 .tsx 文件中导入，因此在这里要计算文件路径和组件名。相关代码如下。

```
// 遍历 schema.children 得到要导入的 .tsx 文件
const childrenRef = schema.children.map(generateComponentRef).filter(c => !!c)
    as {path: string, name: string, key: string}[]

struct.chunks.push({
    chunkType: ChunkType.STRING,
    fileType: FileType.TSX,
    chunkName: ChunkName.ImportInternalJSModules,
    content: `
    // 这里是固定的内部模块
    import { GlobalDataContext, ContainerDataContext } from '../../context'
    import useDataSource from '../../hooks/useDataSource'
    // 这里是动态计算的模块
    ${childrenRef.map(ref => 'import ' + ref.name + ' from "' + ref.path +
        '"').join('\n')}
    `,
    linkAfter: ChunkName.ImportExternalJSModules
})
```

4）开始时默认导出的代码块。这部分的代码如下。

```
struct.chunks.push({
    chunkType: ChunkType.STRING,
    fileType: FileType.TSX,
    chunkName: ChunkName.ComponentDefaultExportStart,
    content: `
```

```
export default function Index(props: {}) {
    `,
    linkAfter: ChunkName.ImportInternalJSModules,
})
```

5）使用 Hooks 的代码块。Schema 中描述的容器结构可以有自己的数据源，容器获取数据源用一个名为 useDataSource 的自定义 Hooks 来实现，这一步主要是解析 Schema 中的数据源配置，生成最终要传入 useDataSource 的参数。

```
function generateUseDataSource(dataSourceConf: DataSourceConfig, pathToVal?:
    string, containerData?: any) {
    const dataSource = dataSourceConf?.value

    if (!dataSource) {
        return `const { loading, data } = useDataSource(undefined,
            ${pathToVal}, ${containerData? containerData: undefined})`
    }
    return `const { loading, data } = useDataSource({
        url: ${dataSource.url},
        params: ${dataSource.params},
        method: ${dataSource.method},
        requestHandler: ${dataSource.requestHandler?.value? dataSource.
            requestHandler?.value: undefined},
        responseHandler: ${dataSource.responseHandler?.value? dataSource.
            responseHandler?.value: undefined},
        errorHandler: ${dataSource.errorHandler?.value? dataSource.
            errorHandler?.value: undefined},
    }, ${pathToVal}, ${containerData? containerData: undefined})`
}

struct.chunks.push({
        chunkType: ChunkType.STRING,
        fileType: FileType.TSX,
        chunkName: ChunkName.ReactHooksUse,
        content: `const [formData, setFormData] = useState({})
        const [formErrors, setFormErrors] = useState({})
        ${generateUseDataSource(schema.extraProps?.dataSource)}
        `,
        linkAfter: ChunkName.ComponentDefaultExportStart,
    })
```

> 注意 useDataSource 是静态文件，其代码位于 https://github.com/react-low-code/vitis-lowcode-engine/blob/master/packages/code-generator/src/template/static-files/src/hooks/useDataSource.ts.ts 中。

6）组件内部函数的代码块。这部分代码如下。

```
struct.chunks.push({
```

```
    chunkType: ChunkType.STRING,
    fileType: FileType.TSX,
    chunkName: ChunkName.ComponentInternalFunc,
    content: `const updateFormData = (path: string, value: any) => {
        setFormData(Path.setIn(Object.assign({}, formData), path, value))
    }

    const updateFormErrors = (path: string, value: any) => {
        setFormErrors(Path.setIn(Object.assign({}, formErrors), path, value))
    }`,
    linkAfter: ChunkName.ReactHooksUse
})
```

7）render 开始的代码块。这部分代码如下。

```
struct.chunks.push({
    chunkType: ChunkType.STRING,
    fileType: FileType.TSX,
    chunkName: ChunkName.ComponentRenderContentStart,
    content: `
    return (
    `,
    linkAfter: ChunkName.ComponentInternalFunc
})
```

8）GlobalDataContext Provider 标签开始的代码块。pluginPage 插件用于生成页面容器的代码，页面数据通过 React Context API 传递给子孙组件。

```
struct.chunks.push({
    chunkType: ChunkType.STRING,
    fileType: FileType.TSX,
    chunkName: ChunkName.GlobalDataContextProviderStart,
    content: `<GlobalDataContext.Provider value={{
        pageData: data,
        pageLoading: loading,
        formData,
        formErrors,
        updateFormData,
        updateFormErrors
    }}>
    `,
    linkAfter: ChunkName.ComponentRenderContentStart
})
```

9）ContainerDataContext Provider 标签开始的代码块。将容器的数据源用 React Context API 传递给子孙组件。

```
struct.chunks.push({
    chunkType: ChunkType.STRING,
    fileType: FileType.TSX,
    chunkName: ChunkName.ContainerDataContextProviderStart,
```

```
        content: `<ContainerDataContext.Provider value={{
            data,
            dataLoading: loading
        }}>
        `,
        linkAfter: ChunkName.GlobalDataContextProviderStart
    })
```

10）渲染 children 组件的代码块。前面导入了与 Schema.children 对应的 .tsx 文件，在这里使用它们，除此之外还将解析 schema.props 的值，计算出 div 标签的属性。相关代码如下。

```
struct.chunks.push({
    chunkType: ChunkType.STRING,
    fileType: FileType.TSX,
    chunkName: ChunkName.ComponentRenderContentMain,
    content: `<div ${generateTagProps(schema.props, schema.id!)}>
        ${childrenRef.map(child => '<' + child.name +'/>').join('\n')}
    </div>
    `,
    linkAfter: ChunkName.ContainerDataContextProviderStart
})
```

11）闭合 ContainerDataContext Provider 的代码块，代码如下。

```
struct.chunks.push({
    chunkType: ChunkType.STRING,
    fileType: FileType.TSX,
    chunkName: ChunkName.ContainerDataContextProviderEnd,
    content: `</ContainerDataContext.Provider>
    `,
    linkAfter: ChunkName.ComponentRenderContentMain
})
```

12）结束 render 的代码块，代码如下。

```
struct.chunks.push({
    chunkType: ChunkType.STRING,
    fileType: FileType.TSX,
    chunkName: ChunkName.ComponentRenderContentEnd,
    content: `)`,
    linkAfter: ChunkName.GlobalDataContextProviderEnd
})
```

13）结束组件声明的代码块，代码如下。

```
struct.chunks.push({
    chunkType: ChunkType.STRING,
    fileType: FileType.TSX,
    chunkName: ChunkName.ComponentDefaultExportEnd,
    content: `
```

```
        }`,
        linkAfter: ChunkName.ComponentRenderContentEnd,
    })
```

阅读完 pluginPage 插件源码，读者也许会考虑将上述罗列的代码块放在一个代码块中。从最终要达到的目的来看，这没有问题。之所以使用多个代码块，是为了方便编辑各部分内容。

 注意　访问 https://github.com/react-low-code/vitis-lowcode-engine/tree/master/packages/code-generator/src/plugins 可查看全部插件的源码。

8.3　项目构建器

前文介绍了如何生成单个文件的内容，但完整的项目不是仅包含一个文件，而是由多个文件协同完成工作。本节介绍代码生成器如何组织项目中的文件。

这里涉及两个对象，项目构建器和文件构建器。项目构建器只有一个，被称为 ProjectBuilder，其作用是组织整个项目的文件。文件构建器有多个，被称为 FileBuilder，每个 FileBuilder 只处理一个文件，包含路径和内容，它将文件的代码块交给插件去处理，自己只处理路径。图 8-3 是 ProjectBuilder 和 FileBuilder 的 UML 关系图。

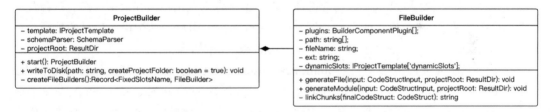

图 8-3　ProjectBuilder 和 FileBuilder 的 UML 关系图

代码生成器一经启动便会创建 ProjectBuilder 实例。ProjectBuilder 的构建函数如下。

```
class ProjectBuilder {
    constructor(schema: ProjectSchema | string, template: IProjectTemplate) {
        this.template = template
        this.schemaParser = new SchemaParser(schema)
    }
}
```

从上述代码可知，ProjectBuilder 的构造函数接收两个参数，一个是用来描述 App 的 Schema，另一个是出码流程使用的项目模板，代码生成器根据模板定义的各类插槽去生成文件。项目模板的类型如下。

```
interface IProjectTemplate {
    // 固定插槽
    fixedSlots: Record<FixedSlotsName, IProjectFixedSlot>;
    // 动态插槽
    dynamicSlots: Record<DynamicSlotsName, {plugins: BuilderComponentPlugin[]}>;
    // 生成静态文件
    generateStaticFiles: () => ResultDir;
}
```

前文已经介绍过固定插槽、动态插槽和静态文件，这里只介绍项目构建器如何使用这些提前被定义的数据。ProjectBuilder 的 start 方法是项目构建器工作的起点，其工作流程如图 8-4 所示：

图 8-4　项目构建器的工作流程

首先判断出码流程的 Schema 是否符合要求，不符合则抛出错误并结束工作。符合要求便调用模板中的 generateStaticFiles 方法，这里会得到一个用目录结构描述项目的数据，它被称为 projectRoot，后续的操作都是为了往 projectRoot 中插入文件。

模板定义了 4 个固定插槽——htmlEntry、packageJSON、service 和 pages，回顾 8.1.2 节展示的目录，htmlEntry、packageJSON 和 service 依次对应 public/index.html、package.json 和 service/index.ts，它们都是单个文件，但 pages 是一个包含了多个文件的目录，生成 pages 目录下的文件需要用到动态插槽。先看实例化 FileBuilder 的代码。

```
private createFileBuilders() {
    let builders: Record<string, FileBuilder> = {}
    const slotNames: FixedSlotsName[] = Object.keys(this.template.fixedSlots)
        as FixedSlotsName[]
    for (const slotName of slotNames) {
        builders[slotName] = new FileBuilder(this.template.fixedSlots[slotName],
            this.template.dynamicSlots)
    }

    return builders
}
```

从上述代码可以得知，模板有几个固定插槽，ProjectBuilder 便会实例化几个 FileBuilder。FileBuilder 的构造函数如下。

```
class FileBuilder{
    constructor(projectSlot: IProjectFixedSlot, dynamicSlots: IProjectTemplate[
        'dynamicSlots']) {
        this.path = projectSlot.path
        this.fileName = projectSlot.fileName
        this.plugins = projectSlot.plugins
        this.dynamicSlots = dynamicSlots
        this.ext = projectSlot.ext
    }
}
```

FileBuilder 构造函数的工作是将文件路径、名称和插件等信息保存到自己的属性中，ProjectBuilder 控制生成文件的时机。下面是 ProjectBuilder 调用 FileBuilder 的方法为固定插槽生成文件的代码。

```
const builders = this.createFileBuilders()
if (builders.packageJSON) {
    builders.packageJSON.generateFile(this.schemaParser.schema, projectRoot)
}
if (builders.htmlEntry) {
    builders.htmlEntry.generateFile(this.schemaParser.schema, projectRoot)
}
if (builders.service) {
    builders.service.generateFile(this.schemaParser.schema, projectRoot)
}
if (builders.pages) {
    builders.pages.generateModule(this.schemaParser.schema, projectRoot)
}
```

packageJSON、htmlEntry 和 service 只对应单个文件，生成这些文件调用 generateFile 即可，generateFile 的代码如下。

```
generateFile(input: CodeStructInput, projectRoot: ResultDir) {
    const initCodeStruct: CodeStruct = {
        input,
        chunks: []
    };
    // 用插件生成代码块
        const finalCodeStruct: CodeStruct = this.plugins.reduce((prevCodeStruct,
            plugin) => {
        return plugin(prevCodeStruct)
    }, initCodeStruct)
    // 将文件插入 projectRoot
        insertFile(projectRoot, this.path, {
            ext: this.ext,
            name: this.fileName,
            // 将插件生成的代码块拼在一起形成完整的文件内容
            content: this.linkChunks(finalCodeStruct)
        })
}
```

generateFile 的工作是调用插件，然后将插件生成的代码块串联在一起形成文件内容。了解了文件，再来了解模块。模块由多个文件组成，pages 固定插槽对应的是模块。

```
generateModule(input: CodeStructInput, projectRoot: ResultDir) {
    this.generateFile(input, projectRoot)
    const { projectName, componentsMap, title, description } = input
    const getPlugins = (schema: NodeSchema) => {...}
    // 遍历 Schema，为子节点生成文件
    const traverse = (schemas: NodeSchema[]) => {
        schemas.forEach(child => {
            const builder = new FileBuilder(...)
            builder.generateFile({
                    schema: child,
                    projectName,
                    componentsMap,
                    title,
                    description
            }, projectRoot)
            if (child.children && child.children.length) {
                traverse(child.children)
            }
        })
    }

    traverse(input.schema.children)
}
```

上述代码首先在模块根目录（即 pages/Home）中创建一个文件，该文件被称为模块的入口文件。然后遍历 Schema 为每个子孙节点实例化一个 FileBuilder，之后调用 generateFile 为各个节点生成单独的文件。

8.4 文件存储

由图 8-1 可知，出码时使用的 Schema 和最终产出的源码保存在不同的 Git 仓库，数据库只保存概要信息，该过程涉及 MongoDB 数据库和 GitLab API 的知识。本节重点介绍 GitLab API。

 注意 在 https://docs.gitlab.com/ee/api/ 中可查看全部 GitLab API。

8.4.1 GitLab API

开发者手写代码时，会在开发分支编写代码，最终将代码合并到主分支。低代码引擎

存储 Schema 也采用类似的策略，低代码引擎生成的 Schema 被保存到开发分支，发布页面时，开发分支上的 Schema 经过优选（cherry-pick）后被保存到 master 分支，之后把 master分支上的 Schema 转换成源码再打包构建，最后部署上线。

1. access_token

使用 GitLab API 之前必须知道你的账号在 GitLab 上的 access_token，之后每一次调用API 在请求头中都要携带该 access_token。

 注意　访问 https://gitlab.com/-/profile/personal_access_tokens 可查看账号的 access_token。

在服务端使用 axios 发起 GitLab API 网络请求，这与在客户端使用 axios 一样，先创建一个 axios 实例，设置 baseURL 和 headers，代码如下。

```
import axios from "axios"
import ENV_CONFIG from '../../env.config.json'

const axiosInstance = axios.create({
    baseURL: "https://gitlab.com",
    headers: {
        "PRIVATE-TOKEN": <这里填你的 access_token>,
        "Content-Type": 'application/json'
    }
})
```

2. 存储 Schema

Schema 保存在仓库中，对 GitLab 而言，这里的仓库是指项目，如图 8-5 所示。

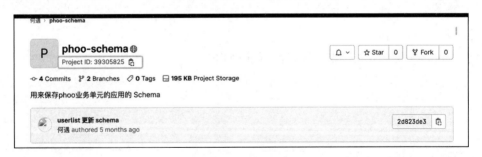

图 8-5　GitLab 项目

注意图 8-5 中标记的 Project ID 字段在后续存储 Schema 时会继续使用，调用 GitLabAPI 把某个 Schema 存储到仓库，需经历创建项目、创建分支和提交 commit 这三步。

（1）创建项目

创建项目发生在新建业务单元的时候，要为每一个业务单元创建一个 GitLab 项目，代码如下。

```
async function createProject(name: string, description: string) {
    const result = await axiosInstance.request({
        method: 'POST',
        url: '/api/v4/projects',
        data: {
            name,
            description,
            default_branch: 'develop',
            initialize_with_readme: true,
            visibility: 'public',
        }
    })
    // 返回 Project ID
    return result.data.id
}
```

（2）创建分支

上一步创建的项目的默认分支名是 develop，这一步基于 develop 创建 master 分支，代码如下。

```
async function createBranch(projectId: string, branch: string, ref: string) {
    const result = await axiosInstance.request({
        method: 'POST',
        url: `/api/v4/projects/${projectId}/repository/branches`,
        params: {
            branch,
            ref
        }
    })
    return result.data
}
```

（3）提交 commit

提交 commit 将 Schema 保存到仓库，代码如下。

```
interface CreateCommitParam {
    branch: string,
    commit_message: string,
    actions: Action[],
    start_branch?: string,
    start_sha?: string,
    [attr: string]: any
}

async function createCommit(projectId: string, params: CreateCommitParam) {
    const result = await axiosInstance.request({
        method: 'POST',
        url: `/api/v4/projects/${projectId}/repository/commits`,
        data: params
    })
```

```
    return result.data
}
```

上述代码值得关注的是 CreateCommitParam.actions，它表示本次提交要执行的动作集合。Action 接口包含的字段如表 8-1 所示。

表 8-1　Action 接口包含的字段

字段	类型	是否必填	说明
action	string	是	取值为 create、delete、move、update、chmod
file_path	string	是	action 要处理的文件路径
previous_path	string	否	当 action 为 move 时，表示被移动文件的原始路径
content	string	否	当 action 为 create 或 update 时，表示文件内容
encoding	string	否	取值为 text 或 base64，默认值是 text
last_commit_id	string	否	action 为 delete、move 或 update 时有效
execute_filemode	boolean	否	action 为 chmod 时有效

3. 获取 Schema

Schema 保存到 Git 仓库，等需要使用的时候再取出来，代码如下。

```
async function getFileContent(projectId: string, ref: string, file_path: string) {
    const result = await axiosInstance.request({
        method: 'GET',
        url: `/api/v4/projects/${projectId}/repository/files/${encodeURIComponent
            (file_path)}/raw`,
        params: {
            ref
        }
    })

    return result.data
}
```

上述 API 能从特定 Git 仓库获取文件的内容，ref 指分支名或 commit id。

8.4.2　数据库设计

低代码引擎产生的 Schema 被保存在 Git 仓库，调用 GitLab API 时需要的参数被保存在 MongoDB 数据库，这使整个低代码平台运行起来会涉及多个集合。本小节只介绍与保存 Schema 相关的集合。

1. 业务单元集合

应用归属于业务单元，同一业务单元下的应用的 Schema 保存在同一仓库中，业务单元集合用来维护 GitLab 项目 ID、应用列表，以及其能使用的低代码组件，包含的字段如

表 8-2 所示。

表 8-2　业务单元包含的字段

字段	类型	说明
name	String	业务单元名称，唯一标识
desc	String	业务单元描述
schemaProjectId	String	schema 的 GitLab 项目 ID
codeProjectId	String	源码的 GitLab 项目 ID
components	Array	业务单元可用的组件，包含组件包名、版本信息和描述
applications	Array	业务单元包含的应用，这里只保存应用的唯一标识

2. 应用集合

总体而言，应用集合保存了调用 GitLab 时需要的参数，包含的字段如表 8-3 所示。

表 8-3　应用集合包含的字段

字段	类型	说明
_id	ObjectId	唯一标识
name	String	应用名称
desc	String	应用描述语
released	Boolean	是否已经发布到线上
schemaVersionHistories	Array	Schema 版本记录，它包含的字段见表 8-4
schemaProjectId	String	Schema 的 GitLab project ID
releasedSchemaCommitId	String ｜ Null	已发布的 Schema commit ID
releasedTime	String ｜ Null	发布时间
codeProjectId	String ｜ Null	源码的 GitLab project ID
codeCommitId	String ｜ Nul	源码的 commit ID

应用中有版本记录这一概念。开发人员手写代码时，每次往 Git 仓库提交代码都会产生一个版本，并形成记录，版本记录与此相似，其包含的字段如表 8-4 所示。

表 8-4　版本记录包含的字段

字段	说明
user	创建版本的用户
parentCommitId	父版本的 commitId，当页面基于另一个版本创建才会有这个字段
time	创建版本的时间
commitId	commit Hash 值，唯一标识
commitMsg	commit 信息
filePath	文件路径
branch	分支名

基础设施篇

基础设施的技术方案

低代码平台用于创建应用程序，同时它也是应用程序。值得一提的是，它对研发体系的要求相当高。如果你手上没有一套完善的研发体系，涵盖代码托管、CI/CD、CDN、npm私有库等部分，那么不可妄谈开发低代码平台。完善的研发体系并不是低代码平台特有的东西，也不是本书重点内容，所以本章只介绍相关的技术方案。

9.1 研发体系构建

9.1.1 GitLab CI/CD

CI（持续集成）和 CD（持续交付）是一种自动构建和部署代码的方法。CI 是将代码持续集成到存储库的主分支中，并对代码进行自动测试的实践。CD 可让代码达到可交付状态，这样只需单击一个按钮就可以部署这部分代码，或者在持续部署的情况下，如果所有测试都通过，则自动部署代码。

本节使用 GitLab 构建一个持续部署的代码，我们称之为 Pipeline。Pipeline 将在每次提交到存储库时运行。完成本节任务的先决条件有两个：一台运行 CentOS 7.5 的服务器，一个 GitLab 账号。

 注意　运行 GitLab 很消耗内存，所以应该保证服务器内存不低于 4GB。

---

1. 安装 Docker
在 CentOS 上安装并运行 Docker 需要经过如下 3 个步骤。

1）在新主机上首次安装 Docker 需要设置 Docker 存储库。之后，可以从存储库安装和更新 Docker。设置 Docker 存储库的命令如下。

```
yum install -y yum-utils
yum-config-manager --add-repo https://download.docker.com/linux/centos/docker-
    ce.repo
```

2）安装 Docker 及相关软件，命令如下。

```
yum install docker-ce docker-ce-cli containerd.io docker-buildx-plugin docker-
    compose-plugin
```

3）运行 Docker，命令如下。

```
systemctl start docker
```

通过运行 hello-world 镜像来验证 Docker 是否成功安装，命令如下。

```
docker run hello-world
```

上述命令将下载 hello-world 映像并在容器中运行它。如果得到如图 9-1 所示的内容，则说明 Docker 成功安装且正在运行。

```
[root@VM-0-13-centos ~]# docker run hello-world
Unable to find image 'hello-world:latest' locally
latest: Pulling from library/hello-world
719385e32844: Pull complete
Digest: sha256:88ec0acaa3ec199d3b7eaf73588f4518c25f9d34f58ce9a0df68429c5af48e8d
Status: Downloaded newer image for hello-world:latest

Hello from Docker!
This message shows that your installation appears to be working correctly.
```

图 9-1　Docker 安装成功且正在运行

注意　安装 Docker 的全部细节见 https://docs.docker.com/engine/install/centos。

2. 注册 GitLab Runner

（1）下载

执行下面的命令下载安装包。

```
curl -LJO "https://GitLab-runner-downloads.s3.amazonaws.com/latest/rpm/GitLab-
    runner_amd64.rpm"
```

（2）安装

执行下面的命令安装上一步下载的 GitLab Runner 安装包。

```
rpm -i GitLab-runner_amd64.rpm
```

（3）创建 Runner

GitLab 的 Runner 用于运行 CI/CD 任务（job），GitLab 有 3 种 Runner，分别是 shared Runner、group Runner 和 project Runner。这里我们创建 project Runner（这类 Runner 只能用于固定的项目），具体步骤如下。

1）进入 GitLab 网页创建一个项目，命名为 Hello-CICD。

2）进行 Hello-CICD，单击左侧栏中 Settings 下的 CI/CD 选项，展开主内容区的 Runners 部分，如图 9-2 所示。

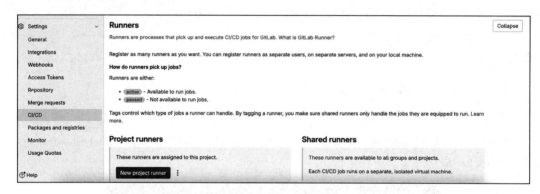

图 9-2　展开 Runners

3）单击图 9-2 中所示的 New project runner，根据实际情况填写界面上显示的表单，表单填写完后单击 Create Runner 按钮得到图 9-3 所示的内容。

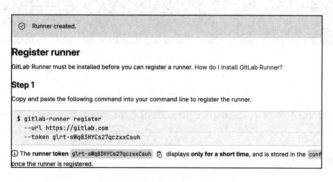

图 9-3　创建 Runner

创建完 Runner 将得到一个 Runner Token，比如图 9-3 中所示的 glrt-sWq83HYCs27-qczxxCsuh，该 Token 在注册 Runner 的时候使用。

（4）注册 Runner

在服务器的命令行中输入下述命令并执行。

```
GitLab-runner register \
    --non-interactive \
```

```
--url "https://GitLab.com/" \
--token "glrt-sWq83HYCs27qczxxCsuh" \
--executor "docker" \
--docker-image alpine:latest \
--description "docker-runner"
```

上述操作执行完成，命令行将提示 Runner 注册成功，其配置信息保存在 /etc/GitLab-runner/config.toml 文件中，内容如下。

```
[session_server]
    session_timeout = 1800
concurrent = 1
check_interval = 0
shutdown_timeout = 0

[session_server]
    session_timeout = 1800

[[runners]]
    name = "test"
    url = "https://GitLab.com"
    id = 28656708
    token = "glrt-sWq83HYCs27qczxxCsuh"
    token_obtained_at = 2023-10-20T03:07:16Z
    token_expires_at = 0001-01-01T00:00:00Z
    executor = "docker"
    [runners.cache]
        MaxUploadedArchiveSize = 0
    [runners.docker]
        tls_verify = false
        image = "alpine:latest"
        privileged = false
        disable_entrypoint_overwrite = false
        oom_kill_disable = false
        disable_cache = false
        volumes = ["/cache"]
        shm_size = 0
```

进行 GitLab 的 Hello-CICD 项目，依次展开 Settings → CI/CD → Runners，将刚才注册的 Runner 分配给该项目，如图 9-4 所示。

3. 创建 .GitLab-ci.yml 文件

在 Hello-CICD 项 目 中 创 建 .GitLab-ci.yml 文件，这是一个 YAML 文件，可以在其中指定 GitLab CI/CD 的指令。下面是一个真实的 .GitLab-ci.yml 文件。

图 9-4　Runner 分配给项目

```
# CICD 镜像
image: 'registry.xxxx.com/fe/node-yarn-zip-bash-git:10.19.0'

stages:
    - npm-publish

before_script:
    - npm install -s -g vitis-cli
    - npm install -g cross-env
    - npm install -g typed-css-modules
    - npm install -s -g vitis-material-parser
    - tcm --pattern ./packages/input/**/*.module.scss -c

publish-packages:
        stage: npm-publish
        script:
            - cd ./packages/input
            - tools-script publish-package ./ --ignore-uncommitted-changes
                 yarn.lock
        only:
            - release
        tags:
            - kube-runner
```

创建 .GitLab-ci.yml，写入内容并提交该文件，进入 Hello-CICD 项目并依次单击 Build → Pipelines，在出现的界面中将展示 Pipeline，如图 9-5 所示。

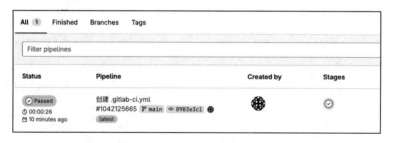

图 9-5　Pipeline 展示界面

 提示　访问 https://docs.GitLab.com/ee/ci/yaml/index.html 获取完整的 .GitLab-ci.yml 语法。

到目前为止，最基本的 GitLab CI/CD 流程已介绍完毕，在实际项目中，最大的变量是 Docker 镜像，配置 CI/CD 流程前应该提前准备好镜像。

9.1.2　npm 私有库

目前已经有很多成熟的 npm 源，例如 npm、cnpm、taobao 等，一些公司出于稳定性、私密性和安全性等考虑，会搭建公司的 npm 私有库。第 5 章曾提到低代码组件最终被发布为 npm 包，本小节介绍如何搭建 npm 私有库。这涉及两部分：

❏　在腾讯云服务器上使用 Verdaccio 搭建 npm 私有库。

❏　将代码包发布到私有库。

1. 在腾讯云服务器上使用 Verdaccio 搭建 npm 私有库

Verdaccio（https://verdaccio.org/）是一个基于 Node.js 的、轻量级的私有 npm 源，因此使用它之前需在服务器上安装 v12 或更高版本的 Node.js，安装命令如下。

```
yum install -y nodejs
```

Node.js 安装完成后执行下面的命令安装 Verdaccio。

```
npm i -g verdaccio
```

安装成功之后，在命令行中输入 verdaccio 便能启动服务，如果一切顺利将得到图 9-6 所示的信息。

```
[root@VM_0_13_centos ~]# verdaccio
(node:2951) Warning: Verdaccio doesn't need superuser privileges. don't run it under root
(Use `node --trace-warnings ...` to show where the warning was created)
(node:2951) Warning: Verdaccio doesn't need superuser privileges. don't run it under root
info    config file  - /root/.config/verdaccio/config.yaml
info    the "crypt" algorithm is deprecated consider switch to "bcrypt" in the configuration file.
info    using htpasswd file: /root/.config/verdaccio/htpasswd
info    plugin successfully loaded: verdaccio-htpasswd
info    plugin successfully loaded: verdaccio-audit
warn    http address - http://localhost:4873/ - verdaccio/5.26.2
```

图 9-6　启动 verdaccio 服务

启动服务之后，也许你想在浏览器上访问 Web 界面，这要修改 Verdaccio 的配置文件。用 vim 打开配置文件并找到 listen 字段，放开第 3 行和第 5 行注释，如图 9-7 所示。

修改配置，重启 Verdaccio 服务，可以发现服务运行在 4873 端口，为了让外网能访问该端口，还需要给腾讯云服务器实例关联安全组。云服务器安全组的内容如图 9-8 所示。

```
# https://verdaccio.org/docs/configuration#listen-port
listen:
# - localhost:4873          # default value
# - http://localhost:4873   # same thing
  - .....:4873              # listen on all addresses (INADDR_ANY)
# - https://example.org:4873 # if you want to use https
   "[::1]:4873"             # ipv6
# - unix:/tmp/verdaccio.sock # unix socket
```

图 9-7　修改 Verdaccio 的配置文件

图 9-8　云服务器安全组

假如云服务器的公网 IP 为 120.151.120.124，在浏览器中访问 http://120.151.120.124:4873，如果一切顺利便能得到图 9-9 所示的内容。

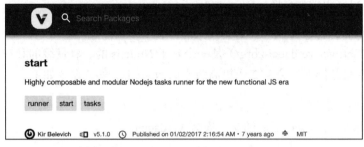

图 9-9　访问 Verdaccio 服务

2. 将代码包发布到私有库

至此，我们搭建好了 npm 私有库，接下来便是发布代码包了。

（1）安装并使用 npm 源管理工具

这里需要安装的 npm 源管理工具是 nrm，安装命令如下。

```
npm i nrm -g
```

安装结束后使用 nrm 添加 http://120.151.120.124:4873 源，命令如下。

```
nrm add  heyunpm http://120.151.120.124:4873
```

切换到新添加的 npm 源，命令如下。

```
nrm use heyunpm
```

接下来所有的操作都针对新添加的 npm 源进行。

（2）创建用户并登录

执行下面的命令根据提示添加并登录用户。

```
npm adduser
```

（3）发布代码包

现在将一个名为 math-demo 的代码包发布到私有的 npm 库。

```
npm publish
```

如果上述代码运行成功，刷新 http://120.151.120.124:4873 的 Web 页面将得到图 9-10 所示内容。

9.1.3　CDN 服务

第 5 章曾提到，vitis 低代码组件被发布到 npm 公有库，用 unpkg 这个开源的 CDN 服

务便能通过包名＋版本号拼接出组件资源的 URL。9.1.2 节介绍了 npm 私有库方案，组件
包被发布到私有库，如此一来，便不能再使用开
源 CDN 服务获取组件资源。本小节介绍如何利
用腾讯云访问发布到 npm 私有库中的组件资源，
需要开通的服务包含对象存储（COS）、内容分发
网络（CDN）、云函数（Serverless）和域名解析。

为了能使用 CDN 访问组件资源，需要做的
工作如下。

❑ 将代码包存储到 COS。

❑ 开启自定义 CDN 加速域名。

❑ 创建解压代码包的云函数。

❑ 为存储桶创建工作流。

图 9-10　发布代码包到私有库成功后的界面

1. 将代码包存储到 COS

用 Verdaccio 搭建 npm 私有库，代码包被保存在服务器的文件系统中，现在我们要将
代码包存储到 COS，这需要修改 Verdaccio 的配置文件，使用的存储插件是 verdaccio-s3-
storage(https://github.com/remitly/verdaccio-s3-storage)，其用法如下。

```
store:
    s3-storage:
        bucket: 分桶名
        keyPrefix: 路径前置（可选）
        region: 分桶所属地域
        endpoint: 访问域名
        s3ForcePathStyle: 使用 s3 对象样式的 UEL，默认为 false
        tarballACL: 访问权限，默认为 private
        accessKeyId: API 密钥 SecretId
        secretAccessKey: API 密钥 SecretKey
        sessionToken: Token。如果上述 API 密钥是临时的，需要配置该 Token，否则不需要
```

假设在 COS 上创建的分桶名为 vitispkg-12345，所属地域为 ap-chengdu，那么修改
Verdaccio 配置文件的代码如下。

```
store:
    s3-storage:
        bucket: vitispkg-12345
        region: ap-chengdu
        keyPrefix: vitispkg
        s3ForcePathStyle: false
        endpoint: https://cos.ap-chengdu.myqcloud.com
        tarballACL: public-read
        accessKeyId: AKI88*********vpX7WuHf2
        secretAccessKey: MWW********EZl
```

启动 Verdaccio 服务，发布一个名为 math-demo 的 npm 包，发布成功后进入腾讯云对

象存储控制台可得到图 9-11 所示的内容。

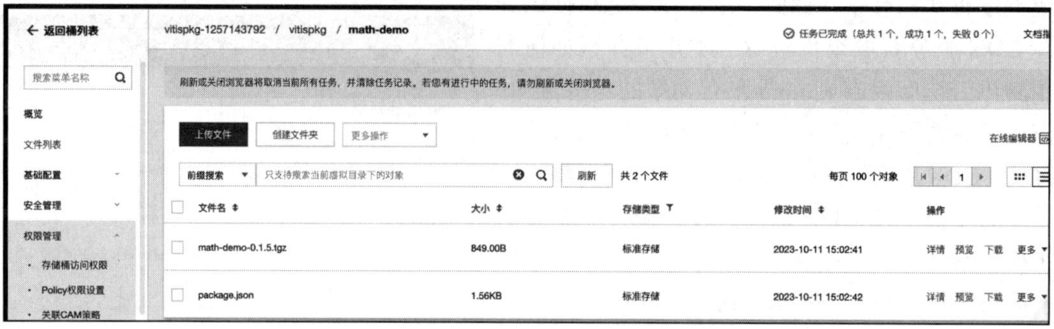

图 9-11　分桶文件列表

由图 9-11 所示可知，代码包以压缩包的形式保存在分桶中，当用 script 标签加载 npm 包的资源时，需要加载具体的 JS 脚本，因此我们需要将 taz 压缩包解压。这部分内容将在后文介绍。

2. 开启自定义 CDN 加速域名

将文件上传至存储桶后，COS 会自动生成文件链接（文件的 URL），你可以直接通过文件 URL（即 COS 默认域名）访问该文件。你若希望通过 CDN 加速访问 COS 上的文件，则需要将 CDN 域名绑定至文件所在的存储桶。开启自定义 CDN 加速域名的方法如下。

1）登录对象存储控制台，单击左侧导航栏中的存储桶列表，进入存储桶列表页面。

2）单击需要配置域名的存储桶，进入存储桶配置页面。存储桶配置页如图 9-12 所示。

图 9-12　存储桶配置页

3）依次单击域名与传输管理→自定义 CDN 加速域名配置项→添加域名，配置的具体内容如图 9-13 所示。

图 9-13　添加域名

4）添加域名之后进入 CDN 控制台，域名管理列表将多一条记录，如图 9-14 所示。

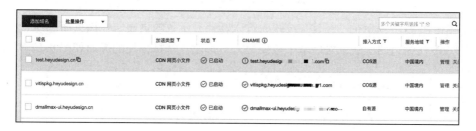

图 9-14　域名管理列表

5）配置 CNAME 解析。图 9-14 所示记录中的第一条有一个感叹号标识，鼠标放到该标识上后，界面将显示一个浮窗，根据提示可一键配置 CNAME 解析，也可进入 DNS 控制台手动配置。DNS 解析列表如图 9-15 所示。

图 9-15　DNS 解析列表

这时便能用 CDN 域名访问存储桶里的文件，如 http://test.heyudesign.cn/test/verdaccio-s3-db.json。

3. 创建解压代码包的云函数

存储在 COS 的代码包是 .tgz 压缩包，当我们访问 JS 和 CSS 等文件时其实访问的是压缩包中的文件，这里使用的文件链接类似于 http://vitispkg.heyudesign.cn/vitispkg/xxx/index.

js。这时就需要用到能解压 .tgz 压缩包的云函数了。创建云函数的步骤如下。

1）进入 Serverless 控制点，单击左侧栏的函数服务，进入函数服务列表，界面显示的内容如图 9-16 所示。

图 9-16　函数服务列表

2）单击图 9-16 所示的"新建"按钮，进入新建云函数的页面，在该页面选择一个模板，比如解压 zip 压缩包的函数，之后基于该模板进行修改。选择模板的界面如图 9-17 所示。

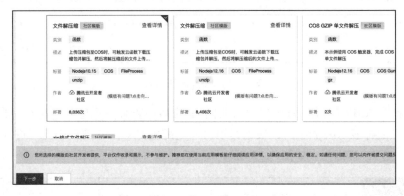

图 9-17　选择函数模板

3）选中模板，进入下一步。配置环境变量，如图 9-18 所示。

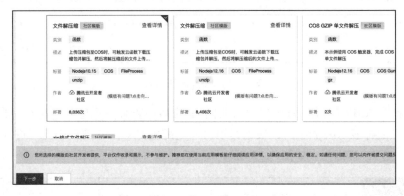

图 9-18　配置环境变量

图 9-18 中所示的环境变量将在函数代码中被访问，如果不确定需要用到哪些环境变量，打开函数代码一看便知。接下来修改模板的函数代码，将 unzipper 替换成 compressing，用 compressing 解压压缩包，关键代码如下。

```
await fs
        .createReadStream(downloadPath)
        .pipe(new compressing.tgz.UncompressStream())
        .promise()
```

除了修改 index.js，还需要修改 package.json，将 compressing 写入 dependencies 字段。

接下来展开高级配置项，将命名空间选为 COS。若是 COS 命名空间不存在，则系统会自动创建。另外还要开启高级配置中的异步执行和状态追踪，如图 9-19 所示。

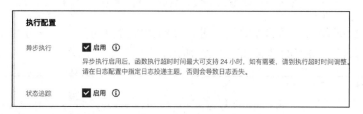

图 9-19　高级配置

新建云函数的最后一步是进行触发器配置，具体如图 9-20 所示。

图 9-20　触发器配置

4）完成第 3 步中的配置之后，单击页面底部的完成按钮，云函数将进入部署阶段。返回 "函数服务" 列表将看到新增的云函数，如图 9-21 所示。

4. 为存储桶创建工作流

到目前为止我们创建了一个用于解压 .tgz 压缩包的云函数，接下来便是将该函数绑定到存储桶的工作流中，使 .tgz 压缩包上传到指定目录之后，云函数能解压 .tgz 压缩包并将结果存放在另一个目录。具体步骤如下。

图 9-21　新增云函数之后的"函数服务"列表

1）单击需要配置工作流的存储桶，进入存储桶配置页面，在"任务与工作流"列表中选择"工作流管理"，得到的结果如图 9-22 所示。

图 9-22　工作流列表

2）单击图 9-22 中所示的"创建工作流"按钮，会得到图 9-23 所示的结果，根据页面上的提示填写配置项。

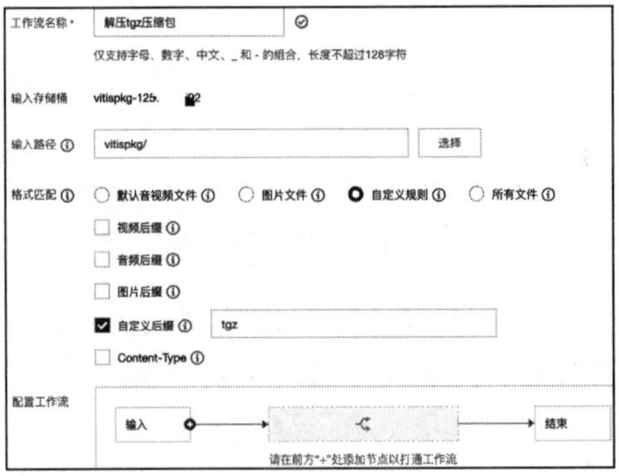

图 9-23　创建工作流

图 9-23 中展示的配置工作流栏是重点关注对象，在这里将使用解压 .tgz 压缩包的云函数，单击"输入"标识，将出现一个浮窗，如图 9-24 所示。

图 9-24　配置工作流

单击图 9-24 中所示的"自定义函数"，在弹出的对话框中的选择解压 .tgz 压缩包的云函数，如图 9-25 所示。

图 9-25　自定义函数

3）保存工作流，测试工作流是否能成功执行，如图 9-26 所示。

图 9-26　测试工作流

开启图 9-26 中所示的"上传触发执行"开关后，当有新的 npm 代码包上传到 COS 时，

其 .tgz 压缩包将自动进入此工作流进行解压，解压后我们就能用 CDN 访问压缩包中的 npm 组件资源了。

9.2 LDAP 账号管理

LDAP（Lightweight Directory Access Protocol，轻量级目录访问协议）是一种开放的、厂商无关的、行业标准的应用协议，用于在 IP 网络上访问和维护分布式目录信息服务。LDAP 的一个常见用途是提供一个存储用户名和密码的中心位置，允许不同的应用程序和服务连接到 LDAP 服务器来验证用户。例如，一些公司在员工入职的时候会给其发放一个账号，员工可以用该账号登录所有的内部通用系统，比如 GitLab，Jenkins 和 jira 等，到员工离职的时候，之前发放的账号会被回收。

第 3 章介绍低代码平台的需求时提到了用户管理。公司内若是有 LDAP 账号管理系统，那么建议将低代码平台接入 LDAP 账号管理系统。若公司没有低代码平台，则建议先搭建 LDAP 账号管理系统，并将各通用平台接入该系统。本节将介绍如何搭建 LDAP 账号管理系统，以及如何将特定系统接入 LDAP 账号管理系统。

9.2.1 搭建 LDAP 账号管理系统

能提供 LDAP 服务的开源项目有很多，这里选用较为成熟的开源服务器 OpenLDAP。下面介绍如何在 CentOS 中安装和配置 OpenLDAP。

1. 安装 OpenLDAP 相关的软件
在命令行输入下面的命令即可安装 OpenLDAP 服务器和客户端。

```
yum -y install openldap openldap-servers openldap-clients
```

2. 启动服务
启动 OpenLDAP 服务并将其设置成开机启动，具体命令如下。

```
systemctl start slapd.service
systemctl enable slapd.service
```

运行上述命令将得到图 9-27 所示的结果。

```
[root@VM_0_13_centos ~]# systemctl start slapd.service
[root@VM_0_13_centos ~]# systemctl enable slapd.service
Created symlink from /etc/systemd/system/multi-user.target.wants/slapd.service to /usr/lib/systemd/system/slapd.service.
[root@VM_0_13_centos ~]#
```

图 9-27　初始化 OpenLDAP 服务

3. 允许外部连接

运行下面的命令，即可允许系统连接到防火墙，并允许应用程序通过 SELinux 访问 OpenLDAP。

```
firewall-cmd --permanent --add-port=389/tcp --add-port=389/udp
firewall-cmd --reload
setsebool -P allow_ypbind=1 authlogin_nsswitch_use_ldap=1
setsebool -P httpd_can_connect_ldap on
```

4. 编辑默认配置

在使用 OpenLDAP 服务器之前，必须确保服务器配置正确。因此，必须检查写在 ldap.conf 文件中的默认配置，检查和修改配置的步骤如下。

1）打开 ldap.conf 文件，命令如下。

```
vim /etc/openldap/ldap.conf
```

2）取消以下内容的注释。

```
#BASE    dc=example,dc=com
#URI     ldap://ldap.example.com ldap://ldap-master.example.com:666
```

3）编辑 BASE 和 URI 字段，命令如下。

```
BASE    dc=ldap,dc=heyudesign,dc=cn
URI     http://121.153.198.133
```

将 BASE 替换为你的域名，将 URI 替换为你的完整域名或 LDAP 服务器的 IP 地址。

5. 配置 root 用户

如果要在 LDAP 环境下执行管理任务，那么必须修改 LDAP 的 root 用户。另外必须创建 LDIF 文件，其中包含你希望在 LDAP 服务器上更改的内容，然后用 ldapadd 工具将该 LDIF 文件应用到服务器，以更改 OpenLDAP 中的内容。

下面介绍如何修改 LDAP 默认的 root 用户，使其能够管理服务器中的所有条目。

1）在你选择的目录中创建一个 LDIF 文件，命令如下。

```
vim rootpw.ldif
```

2）为 root 用户创建密码，命令如下。

```
slappasswd -s 12345678
```

上述代码中的 -s 后的参数可以替换成其他密码，上述命令将输出类似 {SSHA} pbGNe3ILso3VgHdLLZbFArwsZ3zr5t5q 的 Hash 值。

3）向第一步创建的 LDIF 文件填写内容，具体如下。

```
dn: olcDatabase={0}config,cn=config
changetype: modify
```

```
add: olcRootPW
olcRootPW: {SSHA}pbGNe3ILso3VgHdLLZbFArwsZ3zr5t5q
```

4）将 LDIF 文件应用到服务器，命令如下。

```
ldapadd -Y EXTERNAL -H ldapi:/// -f rootpw.ldif
```

运行上述命令得到的结果如图 9-28 所示。

```
[root@VM_0_13_centos openldap]# ldapadd -Y EXTERNAL -H ldapi:/// -f rootpw.ldif
SASL/EXTERNAL authentication started
SASL username: gidNumber=0+uidNumber=0,cn=peercred,cn=external,cn=auth
SASL SSF: 0
modifying entry "olcDatabase={0}config,cn=config"
```

图 9-28　应用 LDIF 文件

5）导入 LDAP 的基础 Schema，命令如下。

```
ldapadd -Y EXTERNAL -H ldapi:/// -f /etc/openldap/schema/cosine.ldif
ldapadd -Y EXTERNAL -H ldapi:/// -f /etc/openldap/schema/nis.ldif
ldapadd -Y EXTERNAL -H ldapi:/// -f /etc/openldap/schema/inetorgperson.ldif
ldapadd -Y EXTERNAL -H ldapi:/// -f /etc/openldap/schema/openldap.ldif
ldapadd -Y EXTERNAL -H ldapi:/// -f /etc/openldap/schema/dyngroup.ldif
```

6）配置对 LDAP 服务器的访问，并将 Manager 用户添加到服务器。创建 manager.ldif 文件，写入下面的内容。

```
dn: olcDatabase={1}monitor,cn=config
changetype: modify
replace: olcAccess
olcAccess: {0}to * by dn.base="gidNumber=0+uidNumber=0,cn=peercred,cn=external,
    cn=auth" read by dn.base="cn=Manager,dc=ldap,dc=heyudesign,dc=cn" read by *
    none

dn: olcDatabase={2}hdb,cn=config
changetype: modify
replace: olcSuffix
olcSuffix: dc=ldap,dc=heyudesign,dc=cn

dn: olcDatabase={2}hdb,cn=config
changetype: modify
replace: olcRootDN
olcRootDN: cn=Manager,dc=ldap,dc=heyudesign,dc=cn

dn: olcDatabase={2}hdb,cn=config
changetype: modify
add: olcRootPW
olcRootPW: {SSHA}pbGNe3ILso3VgHdLLZbFArwsZ3zr5t5q

dn: olcDatabase={2}hdb,cn=config
```

```
changetype: modify
add: olcAccess
olcAccess: {0}to attrs=userPassword,shadowLastChange by dn="cn=Manager,dc=ldap,
    dc=heyudesign,dc=cn" write by anonymous auth by self write by * none
olcAccess: {1}to dn.base="" by * read
olcAccess: {2}to * by dn="cn=Manager,dc=ldap,dc=heyudesign,dc=cn" write by * read
```

上述代码完成了下面的事情。

❑ 将 olcRootPW 对应的值替换成第 2 步用 slappasswd 输出的值。

❑ 将 dc=ldap,dc=heyudesign,dc=cn 替换成实际的 BASE DN。

7）应用 manager.ldif，具体命令如下。

```
ldapmodify -Y EXTERNAL -H ldapi:/// -f manager.ldif
```

运行上述命令得到的结果如图 9-29 所示。

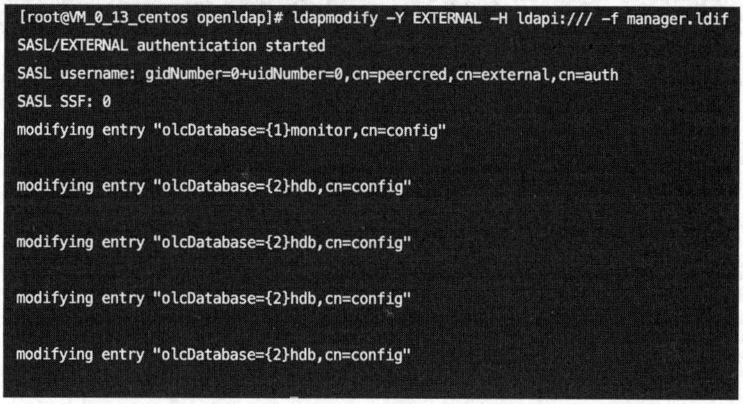

```
[root@VM_0_13_centos openldap]# ldapmodify -Y EXTERNAL -H ldapi:/// -f manager.ldif
SASL/EXTERNAL authentication started
SASL username: gidNumber=0+uidNumber=0,cn=peercred,cn=external,cn=auth
SASL SSF: 0
modifying entry "olcDatabase={1}monitor,cn=config"

modifying entry "olcDatabase={2}hdb,cn=config"

modifying entry "olcDatabase={2}hdb,cn=config"

modifying entry "olcDatabase={2}hdb,cn=config"

modifying entry "olcDatabase={2}hdb,cn=config"
```

图 9-29　应用 manager.ldif 文件

8）创建一个名为 org.ldif 的文件，写入下面的内容。

```
dn: dc=ldap,dc=heyudesign,dc=cn
objectClass: top
objectClass: dcObject
objectClass: organization
o: ldap Organization
dc: ldap

dn: cn=Manager,dc=ldap,dc=heyudesign,dc=cn
objectClass: organizationalRole
cn: Manager
description: LDAP Manager

dn: ou=rpausers,dc=ldap,dc=heyudesign,dc=cn
objectClass: organizationalUnit
ou: rpaUsers
```

上述代码完成了下面的事情。

❑ 将 dc=ldap,dc=heyudesign,dc=cn 替换成实际的 BASE DN。

❑ 将 ldap 和 rpaUsers 替换成你要想的组名。

9）应用 org.ldif，具体命令如下。

```
ldapadd -x -D cn=Manager,dc=ldap,dc=heyudesign,dc=cn -W -f org.ldif
```

根据提示输入 root 用户的密码，若一切顺利则会得到图 9-30 所示的结果。

```
[root@VM-0-13-centos openldap]# ldapadd -x -D cn=Manager,dc=ldap,dc=heyudesign,dc=cn -W -f org.ldif
Enter LDAP Password:
adding new entry "dc=ldap,dc=heyudesign,dc=cn"

adding new entry "cn=Manager,dc=ldap,dc=heyudesign,dc=cn"

adding new entry "ou=rpausers,dc=ldap,dc=heyudesign,dc=cn"

[root@VM-0-13-centos openldap]#
```

图 9-30 添加组

6. 安装管理工具

接下来安装 PHPLDAPAdmin，用它管理 LDAP 服务器，具体步骤如下。

1）安装 PHPLDAPAdmin 的命令如下。

```
yum install -y phpldapadmin
```

2）修改 phpldapadmin.conf 的命令如下。

```
vim /etc/httpd/conf.d/phpldapadmin.conf
```

将 phpldapadmin.conf 文件中的 Require local 改成 Require all granted，其目的是开启外网访问。

3）修改 config.php 的命令如下。

```
vim /etc/phpldapadmin/config.php
```

取消以下内容的注释。

```
$config->custom->appearance['timezone'] = 'Australia/Melbourne';
// 这里写你的 Base DN
$servers->setValue('server','base',array('dc=ldap,dc=heyudesign,dc=cn'));
$servers->setValue('server','host','127.0.0.1');
$servers->setValue('server','port',389);
$servers->setValue('login','attr','dn');
$servers->setValue('appearance','show_create',true);
$servers->setValue('login','anon_bind',false); // 不允许匿名登录
```

注释以下内容。

```
$servers->setValue('login','attr','uid');
```

4）启动 httpd 服务的命令如下。

```
systemctl start httpd
systemctl enable httpd
```

5）在本地浏览器访问 http://server_ip/phpldapadmin/，将得到图 9-31 所示的内容。

图 9-31　phpldapadmin 页面

6）登录之后，界面的左侧将显示之前用 org.ldif 创建的组，如图 9-32 所示。

图 9-32　登录之后

你可以单击图 9-32 中所示的"创建一个子条目"按钮，新建后的条目将显示在左侧列表。图 9-33 显示了新增的子条目，一个是用户 (he yu)，另一个是用户所属的组 (user)。

图 9-33　新增子条目

9.2.2　接入 LDAP 账号管理系统

上一节介绍了如何在 CentOS 上搭建 LDAP 账号管理系统，本节介绍如何将 LDAP 与第三方集成。这里的第三方以 GitLab 为例。GitLab 集成 LDAP 的前提是私有化部署 GitLab。因此本小节先介绍如何私有化部署 GitLab，再介绍 GitLab 如何集成 LDAP。

1. 私有化部署 GitLab

本案例使用操作系统是 CentOS 7.5。私有化部署 GitLab 的具体步骤如下。

1）安装 GitLab 的依赖项，命令如下。

```
yum -y install policycoreutils openssh-server openssh-clients
```

2）启动 SSH 服务并将其设置为开机启动，命令如下。

```
systemctl enable sshd
systemctl start sshd
```

3）安装并立即启动 postfix，将其设置为开启启动，让它支持 GitLab 发信功能，命令如下。

```
yum install postfix
systemctl enable postfix
systemctl start postfix
```

4）配置极狐 GitLab[⊖]软件源镜像，命令如下。

```
curl -fsSL https://packages.GitLab.cn/repository/raw/scripts/setup.sh | /bin/bash
```

5）安装极狐 GitLab，命令如下。

```
yum install -y GitLab-jh
```

6）为 GitLab 实例配置 URL，命令如下。

```
vim /etc/GitLab/GitLab.rb
```

将上述文件中 external_url 配置项的值修改为你的 URL，例如 http://120.151.198.131:81/。

7）重载配置及启动，命令如下。

```
GitLab-ctl reconfigure
```

当命令行出现 GitLab Reconfigure 字样时，便意味着 GitLab 配置重载成功。

8）访问私有化部署的 GitLab。在浏览器中访问 http://120.151.198.131:81，如果一切顺利将得到图 9-34 所示的内容。

GitLab 所需的临时密码存储在 /etc/GitLab/initial_root_password 文件中。出于安全考虑，24 小时后，此文件会被 GitLab-ctl reconfigure 自动删除，因此若使用随机密码登录，建议初始登录成功之后立即修改初始密码。

⊖　极狐 GitLab 是 GitLab 官方将技术授权给了一家名为极狐的公司后，该公司开发的软件包。

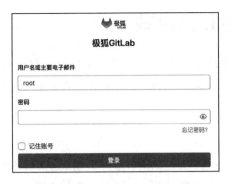

图 9-34　登录 GitLab

2. GitLab 集成 LDAP

搭建好 LDAP 账号管理系统且部署好 GitLab 后，就要让 GitLab 集成 LDAP 了，具体方法如下。

1）修改 GitLab 的配置文件 /etc/GitLab/GitLab.rb。

```
GitLab_rails['ldap_enabled'] = true
GitLab_rails['ldap_servers'] = YAML.load <<-'EOS'
      main:
      label: 'LDAP'
      host: '127.0.0.1' // GitLab 和 LDAP 部署到同一台服务器
      port: 389
      uid: 'uid'
      encryption: 'plain'
      base: 'dc=ldap,dc=heyudesign,dc=cn'
      verify_certificates: true
EOS
```

2）重新配置极狐 GitLab。

```
GitLab-ctl reconfigure
```

访问私有化部署的 GitLab，将看到图 9-35 所示的内容。

图 9-35　用 LDAP 用户登录 GitLab

9.3   开源低代码项目选型实践

随着低代码的发展，出现了许多优秀的开源低代码项目，开发者做技术选型时难免觉得眼花缭乱，不知如何抉择。本节将分析市面上已有的 4 个开源低代码项目。

9.3.1   阿里低代码引擎

阿里低代码引擎（AliLowCodeEngine）是一个用 React 开发的，基于 Schema 驱动的低代码方案。它要求扩展能力也要基于 React 研发。它用 JSON Schema 描述页面，至于生成的 Schema 如何存储，这要使用方自己设计技术方案。

 注
意
阿里低代码引擎的官网链接为 https://lowcode-engine.cn/site/docs/guide/quickStart/
intro。

1. 使用方式

AliLowCodeEngine 有 一 个 在 线 Demo（https://lowcode-engine.cn/demo/demo-general/index.html），访问该链接能试用 Demo。开发者也能将其代码（https://github.com/alibaba/lowcode-demo）复制到本地进行调试。LowcodeEngine 由两部分组成：一个是编辑器，用来创建 App，产出物是 Schema；另一个是运行时，它接收 Schema 并显示 App。

在已有的 React 项目中接入 AliLowCodeEngine 的编辑器的步骤如下。

1）引入 UMD 包资源，命令如下。

```
<!-- 低代码引擎的页面框架样式 -->
<link rel="stylesheet" href="https://uipaas-assets.com/prod/npm/@alilc/lowcode-
    engine/1.0.18/dist/css/engine-core.css" />
<!-- Fusion Next 控件样式 -->
<link rel="stylesheet" href="https://g.alicdn.com/code/lib/alifd__next/1.23.24/
    next.min.css">
<!-- 低代码引擎的页面主题样式，可以替换为 theme-lowcode-dark -->
<link rel="stylesheet" href="https://alifd.alicdn.com/npm/@alifd/theme-lowcode-
    light/0.2.0/next.min.css">
<!-- 低代码引擎官方扩展的样式 -->
<link rel="stylesheet" href="https://uipaas-assets.com/prod/npm/@alilc/lowcode-
    engine-ext/1.0.5/dist/css/engine-ext.css" />

<!-- React，可替换为 production 包 -->
<script src="https://g.alicdn.com/code/lib/react/16.14.0/umd/react.development.
    js"></script>
<!-- React DOM，可替换为 production 包 -->
<script src="https://g.alicdn.com/code/lib/react-dom/16.14.0/umd/react-dom.
    development.js"></script>
<!-- React 向下兼容，预防物料层的依赖 -->
```

```
<script src="https://g.alicdn.com/code/lib/prop-types/15.7.2/prop-types.js"></
    script>
<script src="https://g.alicdn.com/platform/c/react15-polyfill/0.0.1/dist/index.
    js"></script>
<!-- lodash, 低代码编辑器的依赖 -->
<script src="https://g.alicdn.com/platform/c/lodash/4.6.1/lodash.min.js"></
    script>
<!-- 日期处理包, Fusion Next 的依赖 -->
<script src="https://g.alicdn.com/code/lib/moment.js/2.29.1/moment-with-
    locales.min.js"></script>
<!-- Fusion Next 的主包, 低代码编辑器的依赖 -->
<script src="https://g.alicdn.com/code/lib/alifd__next/1.23.24/next.min.js"></
    script>
<!-- 低代码引擎的主包 -->
<script crossorigin="anonymous" src="https://uipaas-assets.com/prod/npm/@alilc/
    lowcode-engine/1.0.18/dist/js/engine-core.js"></script>
<!-- 低代码引擎官方扩展的主包 -->
<script crossorigin="anonymous" src="https://uipaas-assets.com/prod/npm/@alilc/
    lowcode-engine-ext/1.0.5/dist/js/engine-ext.js"></script>
```

2）配置 webpack 的 external。因为 AliLowCodeEngine 及其依赖的资源已经通过 UMD 方式引入，所以在 webpack 等构建工具中需要将它们配置为 external，不用再重复打包。相关命令如下。

```
{
    "externals": {
        "react": "var window.React",
        "react-dom": "var window.ReactDOM",
        "prop-types": "var window.PropTypes",
        "@alifd/next": "var window.Next",
        "@alilc/lowcode-engine": "var window.AliLowCodeEngine",
        "@alilc/lowcode-engine-ext": "var window.AliLowCodeEngineExt",
        "moment": "var window.moment",
        "lodash": "var window._"
    }
}
```

3）初始化低代码引擎，命令如下。

```
// src/index.tsx
import { init } from '@alilc/lowcode-engine';
// 未传送任务参数，这是最简单的初始化方式
init(document.getElementById('lce-container'));
```

上述代码在初始化引擎时，未传送任务参数，也没有注册任何插件，这是最简单的初始化方式，得到的结果如图 9-36 所示。

图 9-36 显示的初始化结果没有任何可用的物料，物料必须手动注册才能被使用，也就是说 AliLowCodeEngine 没有对使用方需要的物料做任何假设。

图 9-36　最简单的初始化 AliLowCodeEngine

编辑器的产出物是 Schema，要将 Schema 描述的 App 展示给用户，有如下两个方案。

❑ 将 Schema 喂给渲染模块，渲染模块将 Schema 描述的 App 及时显示出来，用户每访问一次 App，渲染模块就渲染一次 App。该方案的交付物是 Schema，而不是源代码。Schema 如何存储，如何获取是必须重点考虑的问题。

❑ 将 Schema 喂给出码模块，出码模块用 Schema 构建出源码，这里的构建只是一次性的动作。该方案的交付物是源码，而不是 Schema。一旦生成源码，App 则与 AliLowCodeEngine 脱钩，从此独立存在。

2. 功能点

阿里低代码引擎的主要功能点如下。

❑ **异步数据源**：阿里低代码引擎官方提供了配置异步数据源的插件，如果低代码 App 需要获取异步数据，注册该插件即可。数据源有两个获取方式——fetch 和 jsonp。

❑ **自定义函数**：给根组件添加自定义函数，该函数能绑定到 App 上的指定物料。

❑ **变量绑定**：能将数据源、根组件的状态和方法绑定到指定的组件。

❑ **拖曳布局**：拖曳组件完成布局，通过悬停探测机制实时显示组件的插入点。

❑ **完善的通信机制**：属性设置器和插件既支持同类型之间的通信，也支持不同类型之间的通信。

❑ **国际化多语言**：国际化多语言 API 为开发国际化低代码 App 提供了可能。

❑ **CSS 类名绑定**：给根组件定义的 CSS 样式能绑定到 App 上的指定组件。

❑ **调用物料的内部方法**：通过 Ref 获取组件实例，以调用其内部的方法。

❑ **切换属性设置器**：可以将组件的属性赋予多个设置器，App 设计者可选择适合的设置器编辑组件的属性。

3. 优势与劣势

阿里低代码引擎的主要优势如下。

❑ **使用插件化架构**：便于使用方扩展插件、属性设置器和组件。

❑ **完善的使用文档**：使用方能根据文档了解 AliLowCodeEngine 的设计原理、使用方法和外部扩展的开发方式。

❑ **提供了命令行工具**：方便使用方开发自己的扩展，并能快速调试。

❑ **复用已有的组件**：使用 Parts · 造物[①] 将现有的 React 组件构建成能被 AliLowCodeEngine 使用的低代码组件。

❑ **对已有组件无侵入**：AliLowCodeEngine 使用的低代码组件只比常规 React 组件多了一个描述文件，也就是说将常规组件构建成低代码组件不会侵害组件的内部代码。

阿里低代码引擎的主要劣势如下。

❑ 只能用 React 开发引擎的扩展能力。

❑ 以 Schema 为中心，单向出码，不可逆。

❑ 需要根据私有协议扩展封装，受私有 DSL 和协议的限制。

❑ 在一个旧有项目中接入 LowcodeEngine 比较麻烦，新项目可以用阿里提供的脚手架创建项目。

❑ 与阿里的生态强绑定。

9.3.2　网易云音乐低代码引擎

网易云音乐低代码引擎名为 Tango，其前端技术栈是 React。它直接使用源码驱动，引擎内部将源码转为 AST，用户所有的搭建操作都会转变为对 AST 的遍历和修改，进而将 AST 重新生成为代码。在本书完稿时，Tango 还未发布正式的开源版本，故没有过多细节披露。之所以在本书中介绍 Tango，是因为它是一个使用源码驱动的低代码方案，而市面上常见的低代码方案都是用 Schema 驱动的。

 注
意　Tango 的官方文档地址为 https://netease.github.io/tango/。

1. 功能点

Tango 的主要功能点如下。

❑ 能方便定义静态变量模型，变量很容易绑定到组件属性。

❑ 组件属性能接受 JS 表达式。

❑ 可以实时生成源码，且修改源码会让 App 立即跟着发生变化。

2. 优势与劣势

Tango 的主要优势：组件协议是为组件附加的额外描述文件，不会侵入组件代码，因此可以在不改动组件代码的情况下为组件添加物料协议；基于源码 AST 驱动，无私有 DSL 和协议。

Tango 的主要劣势：文档较少。

〇　一种基于低代码平台打造的物料研发和集成工具。

9.3.3 腾讯低代码项目

腾讯开源的低代码项目名为 tmagic-editor，这是一个用 Vue3 开发的，基于 Schema 驱动的低代码方案。tmagic-editor 使用的业务组件可以用 Vue2、Vue3、React 等开发。tmagic-editor 适合用于搭建 H5 页面。

 注意 tmagic-editor 文档所在地址为 https://tencent.github.io/tmagic-editor/docs/。

---

1. 使用方式

用 tmagic-editor 搭建 App 的步骤如下。

1）安装 tmagic-editor 及其依赖项，命令如下。

```
npm install @tmagic/editor @tmagic/form -S
// 安装组件库相关的 npm 包
npm install @tmagic/element-plus-adapter @tmagic/design element-plus -S
// 安装代码编辑相关的 npm 包
npm install monaco-editor -S
```

2）在 main.js 中写入以下内容，以引入 @tmagic/editor。

```
import { createApp } from 'vue';
import TMagicDesign from '@tmagic/design';
import MagicEditor from '@tmagic/editor';
import MagicForm from '@tmagic/form';
const app = createApp(App);

// 可用的组件库
app.use(ElementPlus, {
    locale: zhCn,
});
app.use(TMagicDesign, MagicElementPlusAdapter);
app.use(MagicEditor);
app.use(MagicForm);
app.mount("#app");
```

3）在 App.vue 写入下面的内容，以使用 m-editor 组件。

```
<template>
    <m-editor
        v-model="dsl"
        :menu="menu"
        :runtime-url="runtimeUrl"
        :props-configs="propsConfigs"
        :props-values="propsValues"
        :component-group-list="componentGroupList"
    >
    </m-editor>
</template>
```

```
<script>
    import { defineComponent, ref } from "vue";
    export default defineComponent({
        name: "App",

        setup() {
            return {
                menu: ref({
                    left: [],
                    center: [],
                    right: [],
                }),
                dsl: ref({}),
                runtimeUrl: "/runtime/vue3/playground/index.html",
                propsConfigs: [],
                propsValues: [],
                // 左侧面板中的组件列表
                componentGroupList: ref([]),
            };
        },
    });
</script>
```

m-editor 组件显示出的界面如图 9-37 所示。

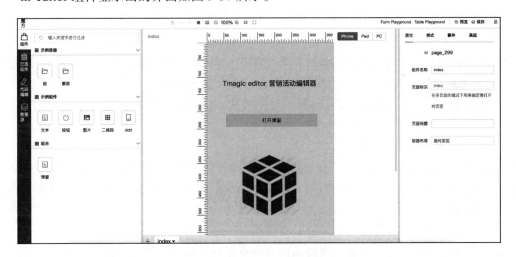

图 9-37　@tmagic/editor 界面

m-editor 组件的产出物是 Schema。tmagic-editor 通过在载入编辑器中保存的 Schema 配置和 UI 渲染器渲染页面。tmagic-editor 提供了 3 个版本的渲染器：Vue3 渲染器、Vue2 渲染器和 React 渲染器。

2. 优势与劣势

tmagic-editor 不限框架，可以用 Vue2、React 等开发 tmagic-editor 的业务组件。JS

Schema 是最终的交付物。这是 tmagic-editor 的一个显著优势。tmagic-editor 的劣势如下。

❑ 文档简陋。

❑ 受私有 DSL 和协议的限制。

❑ 布局方式简陋。

❑ 不支持异步数据源。

❑ 没有线上可实用的 Demo。

❑ 搭建 App 和生产环境显示 App 无法与 tmagic-editor 脱钩。

9.3.4 码良 H5 页面生成平台

码良是一个在线生成 H5 页面并提供页面管理和页面编辑功能的低代码平台。码良由 3 个项目构成：gods-pen-server 码良服务端、gods-pen-admin 码良管理后台和 gods-pen 码良编辑器。码良编辑器和码良管理后台是 Vue 项目，码良服务端是基于 egg 实现的 NodeJS 项目。

 注意 码良的官方文档地址为 https://godspen.ymm56.com/doc/cookbook/introduce.html。

码良和前面介绍的低代码方案不同，它不是一个前端 npm 包，而是一个包含服务端和客户端的平台。要使用码良的能力，可以采用私有化部署方式，也可以使用官方开放的码良服务。官方已不再维护 gods-pen 码良编辑器。gods-pen 码良编辑器主要用于学习参考，也就是说不推荐在企业的正式项目中使用 gods-pen 码良编辑器。

码良的官方提供了两种私有化部署码良的方式：Docker 部署和源码部署。码良官网详细介绍了具体的部署步骤，这里不再赘述。

码良具有如下主要特点。

❑ 不仅有在线生成 H5 的能力，还有项目管理、资源管理、数据统计等功能。

❑ 提供了独立的组件商城，使用方可以直接在组件商城中获取组件，并将其导入自己搭建的码良系统中。

❑ 开放的生态，开发者可以通过它获得收益，使用者也有更多的组件可用。例如，组件开发者能将组件发布到组件商城，让更多的人使用自己的组件。开发者还能给组件定价，以获得收益。

❑ 完善的文档，方便开发者和使用者了解码良平台的能力。

❑ 支持用页面模板快速生成页面。

❑ 提供楼层和自由两种布局模式，以方便使用者快速调整子组件的位置。

RPA：流程自动化引领数字劳动力革命

这是一部从商业应用和行业实践角度全面探讨RPA的著作。作者是全球三大RPA巨头AA（Automation Anywhere）的大中华区首席专家，他结合自己多年的专业经验和全球化的视野，从基础知识、发展演变、相关技术、应用场景、项目实施、未来趋势等6个维度对RPA做了全面的分析和讲解，帮助读者构建完整的RPA知识体系。

智能RPA实战

这是一部从实战角度讲解"AI+RPA"如何为企业数字化转型赋能的著作，从基础知识、平台构成、相关技术、建设指南、项目实施、落地方法论、案例分析、发展趋势8个维度对智能RPA做了系统解读，为企业认知和实践智能RPA提供全面指导。

RPA智能机器人：实施方法和行业解决方案

这是一部为企业应用RPA智能机器人提供实施方法论和解决方案的著作。

作者团队RPA技术、产品和实践方面有深厚的积累，不仅有作者研发出了行业领先的国产RPA产品，同时也有作者在万人规模的大企业中成功推广和应用国际最有名的RPA产品。本书首先讲清楚了RPA平台的技术架构和原理、RPA应用场景的发现和规划等必备的理论知识，然后重点讲解了人力资源、财务、税务、ERP等领域的RPA实施方法和解决方案，具有非常强的实战指导意义。

财税RPA：财税智能化转型实战

这是一本指导财务和税务领域的企业和组织利用RPA机器人实现智能化转型的著作。
作者基于自身在财税和信息化领域多年的实践经验，从技术原理、应用场景、实施方法论、案例分析4个维度详细讲解了RPA在财税中的应用，包含大量RPA机器人在核算、资金、税务相关业务中的实践案例。帮助企业从容应对技术变革，找到RPA技术挑战的破解思路，构建财务智能化转型的落地能力，真正做到"知行合一"。

推荐阅读

FastAPI Web开发入门、进阶与实战

FastAPI社区贡献者与实践者的实战笔记，获得多家大厂技术人员及FastAPI使用者鼎力推荐。
基于真实工作场景展开，涵盖所有FastAPI入门知识，如快速搭建API、路由处理、模型验证、数据库集成等
关键技巧，以及运维、监控和部署实践，其中还包含多个大型综合案例。

React Hooks开发实战

这是一本完全从企业实践角度出发，为初学者和进阶者撰写的React Hooks开发指导手册。来自多家大厂的业
界专家给予高度评价，他们均认为这本书是入门并精通React Hooks的好书。
本书结合一线项目代码对React Hooks核心API及相关技术点进行了深入解读，并配有大量图例，让读者的学
习过程更轻松，更有趣。为了帮助读者解决实际落地问题，书中不仅通过真实案例尽量还原实际开发场景，还
专门总结了实际开发过程中经常出现的典型问题。为了帮助读者把所学知识轻松运用到实际工作中，本书还给
出一个完整的企业级开发项目，从0到1完整展现项目开发过程。